高等教育BIM"十三五"规划教材

韩风毅　总主编

施工项目管理中的BIM技术应用

李　伟　张洪军 | 主编

韩英爱　刘广杰　杨宇杰 | 副主编

化学工业出版社

·北京·

《施工项目管理中的 BIM 技术应用》系统地介绍了 BIM 技术在施工项目管理中的常规应用，是工程管理类专业各方向信息技术平台课教材之一。全书共分为 9 章，内容包括：BIM 技术概述、基于 BIM 技术的建筑施工场地布置、基于 BIM 技术的图纸深化设计、基于 BIM 技术的施工进度管理、基于 BIM 技术的施工质量管理、基于 BIM 技术的施工成本管理、基于 BIM 技术的施工安全管理、基于 BIM 技术的施工技术管理、BIM 应用案例。

本书既可作为高等院校工程管理、工程造价、建筑与土木工程及相关专业的本科教材，也可供建设、管理和服务一线从事建筑与土木工程技术、工程管理、工程咨询、房地产开发与管理及相关工作的人员学习参考。

图书在版编目（CIP）数据

施工项目管理中的 BIM 技术应用/李伟，张洪军主编.
—北京：化学工业出版社，2019.8（2022.1 重印）
高等教育 BIM "十三五" 规划教材
ISBN 978-7-122-33773-3

Ⅰ.①施⋯　Ⅱ.①李⋯ ②张⋯　Ⅲ.①建筑施工-项目管理-计算机辅助设计-应用软件-高等学校-教材
Ⅳ.①TU712.1-39

中国版本图书馆 CIP 数据核字（2019）第 081064 号

责任编辑：满悦芝	文字编辑：吴开亮
责任校对：杜杏然	装帧设计：关　飞

出版发行：化学工业出版社（北京市东城区青年湖南街 13 号　邮政编码 100011）
印　　刷：北京京华铭诚工贸有限公司
装　　订：三河市振勇印装有限公司
787mm×1092mm　1/16　印张 13　字数 291 千字　2022 年 1 月北京第 1 版第 4 次印刷

购书咨询：010-64518888　　　　　　　　　　售后服务：010-64518899
网　　址：http://www.cip.com.cn
凡购买本书，如有缺损质量问题，本社销售中心负责调换。

定　　价：39.00 元

"高等教育BIM'十三五'规划教材"编委会

丛书序

2015 年 6 月，住房和城乡建设部印发《关于推进建筑信息模型应用的指导意见》（以下简称《意见》），提出了发展目标：到 2020 年年底，建筑行业甲级勘察、设计单位以及特级、一级房屋建筑工程施工企业应掌握并实现 BIM 技术与企业管理系统和其他信息技术的一体化集成应用。在以国有资金投资为主的大中型建筑以及申报绿色建筑的公共建筑和绿色生态示范小区新立项项目勘察设计、施工、运营维护中，集成应用 BIM 的项目比例达到 90%。《意见》强调 BIM 的全过程应用，指出要聚焦于工程项目全生命期内的经济、社会和环境效益，在规划、勘察、设计、施工、运营维护全过程中普及和深化 BIM 应用，提高工程项目全生命期各参与方的工作质量和效率，并在此基础上，针对建设单位、勘察单位、规划和设计单位、施工企业和工程总承包企业以及运营维护单位的特点，分别提出 BIM 应用要点。要求有关单位和企业要根据实际需求制订 BIM 应用发展规划、分阶段目标和实施方案，研究覆盖 BIM 创建、更新、交换、应用和交付全过程的 BIM 应用流程与工作模式，通过科研合作、技术培训、人才引进等方式，推动相关人员掌握 BIM 应用技能，全面提升 BIM 应用能力。

本套教材按照学科专业应用规划了 6 个分册，分别是《BIM 建模基础》《建筑设计 BIM 应用与实践》《结构设计 BIM 应用与实践》《机电设计 BIM 应用与实践》《工程造价 BIM 应用与实践》《施工项目管理中的 BIM 技术应用》。系列教材的编写满足了普通高等学校土木工程、地下城市空间、建筑学、城市规划、建筑环境与能源应用工程、建筑电气与智能化工程、给水排水科学与工程、工程造价和工程管理等专业教学需求，力求综合运用有关学科的基本理论和知识，以解决工程施工的实践问题。参加教材编写的院校有长春工程学院、吉林农业科技学院、辽宁建筑职业学院、吉林建筑大学城建学院。为响应教育部关于校企合作共同开发课程的精神，特别邀请吉林省城乡规划设计研究院、吉林土木风建筑工程设计有限公司、上海鲁班软件股份有限公司三家企业的高级工程师参与本套教材的编写工作，增加了 BIM 工程实用案例。当前，国内各大院校已经加大力度建设 BIM 实验室和实训基地，顺应了新形势下企业 BIM 技术应用以及对 BIM 人才的需求。希望本套教材能够帮助相关高校早日培养出大批更加适应社会经济发展的 BIM 专业人才，全面提升学校人才培养的核心竞争力。

在教材使用过程中，院校应根据自己学校的 BIM 发展策略确定课时，无统一要求，走出自己特色的 BIM 教育之路，让 BIM 教育融于专业课程建设中，进行跨学科跨专业联合培养人才，利用 BIM 提高学生协同设计能力，培养学生解决复杂工程能力，真正发挥 BIM 的优势，为社会经济发展服务。

韩风毅

2018 年 9 月于长春

前　言

　　工程项目建设在施工阶段涉及面广，参与方多，持续时间较长，影响因素复杂，是一项复杂的系统工程。随着科学的发展与技术的进步，工程项目的建设标准也越来越高，加之建设规模的日趋庞大和施工工艺的日趋复杂，使得施工项目的沟通与协调工作也越来越困难，极大地增加了施工项目管理的难度。实践表明，加强施工项目参与方专业协同与信息共享是项目成功的保障。这就要求在施工项目管理过程中利用先进的信息技术，大力提高施工项目信息的利用与管理水平，以实现施工项目管理的信息化。BIM 是以三维数字技术为基础、集成建筑工程项目各类相关信息的工程数字模型，是对建筑工程项目相关信息详尽的数字化表达。

　　本书的核心内容是介绍在施工项目管理中如何应用 BIM 技术，在内容体系上注重理论联系实际，加强应用能力培养，系统地阐述了应用 BIM 技术实施建筑工程施工项目管理的基本理论和常规实务。

　　全书共分 9 章：第 1 章主要介绍了 BIM 技术的产生与概念，BIM 技术应用领域与价值、应用软件及应用的七个层次，协同管理的基本概念，BIM 协同管理方式、流程、内容；第 2 章主要介绍了建筑施工场地布置、布置内容，以及基于 BIM 的施工场地布置应用流程和应用点操作步骤；第 3 章主要介绍了图纸深化设计概念、建设各方主体职责与组织协调，以及基于 BIM 的现浇混凝土结构、预制装配式混凝土结构、钢结构、机电等深化设计应用；第 4 章至第 7 章主要介绍了建设目标管理的概念、计划与控制，以及基于 BIM 的建设目标管理应用流程和应用点操作步骤；第 8 章主要介绍了技术管理概念、内容与措施，以及基于 BIM 的施工技术管理应用流程和应用点操作步骤；第 9 章介绍了 BIM 应用的实际工程案例。

　　本书由李伟、张洪军主编并完成统稿和校审，由韩英爱、刘广杰、杨宇杰任副主编。全书具体的编写分工为：第 1 章、第 2 章由伏玉执笔，由李伟负责审读；第 3 章、第 7 章由李飞执笔，由刘广杰、胡金红负责审读；第 5 章、第 8 章由周学蕾执笔，由韩英爱负责审读；第 4 章由马行鹏执笔，由李伟负责审读；第 6 章由张树理执笔，由杨宇杰负责审读；第 9 章由李一婷执笔，由张洪军负责审读。

　　本书编写过程中参考了有关专家、学者的论著、文献、教材，吸取了一些最新的研究成果，在此我们表示衷心的感谢。

　　由于编者水平有限，加之时间仓促，书中难免有不足之处和有待探讨的问题，恳请有关专家、学者和广大读者多加批评和指正。

编　者

2019 年 11 月

目　录

第1章
BIM技术概述

本章要点

BIM 的概念和基本应用

基于 BIM 的协同管理

1.1 BIM 的概念和基本应用

1.1.1 BIM 技术的产生与概念

1.1.1.1 BIM 技术的产生

在建设项目的全生命周期中，传统管理方式下，建筑信息一直存在着不断流失的现象，原因包括建筑各方之间存在着理解问题、表达问题、存储问题等。相对于其他行业来说，建筑业的信息化程度偏低，信息化发展的速度跟不上建筑业的发展。制造业采用先进生产流程和信息化管理技术，已经能够做到保证质量的同时，生产效率大幅度提高。为了使建筑业能够更快更好发展，实现项目决策、设计、施工、运营等各个阶段的工作效率和质量的整体提升，以及为了持续不断地提高建筑业的生产力水平，BIM 技术应运而生。正是这样一种技术的产生，通过项目信息的收集、管理、交换、更新、存储等过程，使建筑业向信息化阶段又迈了一大步，确保了建筑业更快更好地向前发展。

1.1.1.2 BIM 的概念

2002 年，继匈牙利 Graphisoft 公司提出虚拟建筑（Virtual Building）概念和美国 Bentley 公司提出 Signal Building Information 概念之后，美国的 Autodesk 公司又提出了 BIM 的概念，该公司开发的 Autodesk Revit 系列软件中，便应用了 BIM 技术。

美国国家 BIM 标准（2006）中是这样定义的："A Building Information Model (BIM) is a digital representation of physical and functional characteristics of a facility. As such it serves as a shared knowledge resource for information about a facility forming a reliable basis for decisions during its life-cycle from inception onward." 即建筑信息模型（BIM）是以一种数字化的信息对工程项目的物理和功能特性进行表达。为工程项目提供可靠的资源信息，使工作人员能够根据这个信息模型来进行决策，并在建筑的整个生命周期内共享知识资源数据。

美国国家建筑科学院对 BIM 也作了如下定义：BIM——Building Information Modeling，被理解为一种过程，即是创建建筑信息模型的行为（the act of creating a Building Information Model），是建筑信息模型化。这个定义在建筑业使用得最广泛，突出 BIM 指的是动词 Modeling（建模的过程），而不是名词 Model（模型）。

国内外对 BIM 的定义始终不统一，但可以确定的是：BIM 并不是某一种软件的名称，而是区别于传统项目管理方式的、一种新型的信息化管理技术。即 BIM 的概念是指：通过建立三维模型，将建设工程项目的物理特征和功能特征用数字化的信息表达，在全生命周期中不断地集成项目的所有相关信息，并根据模型提升项目各个阶段的管理水平，最终建立多维的数据模型，以提升项目全生命周期价值为目的的管理方法。BIM

技术的应用能够将工程项目全生命周期内的信息集成，建立工程项目的信息库，综合互联网技术，使信息库中信息的提取、更新和存储更加便捷，并实现信息在项目全生命周期各个阶段的各个参与方之间能够协同共享，能够促进项目各参与方更清楚、更全面地了解项目的进展情况，更快更好地完成项目的建设目标。

1.1.2　BIM 技术应用领域与价值

BIM 技术经过在国内外的不断发展，应用领域不断扩大，从一开始的三维建模，到后来的多维模型、动态管理、全生命周期管理，等等，已经成为一种高效的管理技术；而且随着不断推广和在实践中的应用，BIM 技术在建筑业的优势变得越来越明显，它提升了整个行业的信息化水平，减少了资源的浪费，使得建设项目在全生命周期价值最大化。

1.1.2.1　BIM 技术应用领域

(1) 建筑 3D 设计

当建筑业准备进入信息化时代，做到信息的高效利用是必经之路。应用 BIM 技术进行设计，不同于传统的二维图纸设计，而是进行三维模型的设计。BIM 技术的应用代表着设计的三维模型将取代传统的二维图纸，它将图纸由平面转为立体，掀起了建筑业的第二次革命。当建筑信息模型变成三维时，就意味着设计师们拥有了更富有创造力的设计空间，设计过程也将更高效。而且，建立的三维 BIM 模型，能够使各个参与方都能感受直观的三维立体效果，所以能够更为有效地指导工程设计和现场施工，从而为后续阶段规避了施工风险，有利于提升质量，能够最大限度地完成项目的建设目标。此外，BIM 技术能做到的并不仅仅是三维的模型，在工程项目的后期，工作人员也会根据这个三维模型，导入项目的其他相关信息，包括安装时间、成本、所用材料的规格、生产厂家及生产日期、保修期限、合格证等信息，这样就生成了一个多维的模型，各种信息存储在同一个模型中，也使得项目各方的交流更加流畅。

(2) 5D 施工管理

BIM 技术的应用能够创建一个包含了建设项目所有信息的、综合全面的信息库。如果说三维模型是建设工程的树干，那么信息的输入便会使得大树枝繁叶茂。如果将 3D 模型与时间、成本相结合，便可以形成 5D 模型，从而进行 5D 施工管理。

在 5D 施工管理系统中，5D 模型可以实时更新，通过搜索或者框选的形式，直接测算该部分工程量与工程造价，因此，可以大幅度减少用在建筑项目成本测算上的时间，能够有效降低成本，提高预算的准确性，达到建设项目投资的灵活控制，同时也能够生成采购计划和相应的财务分析，以确保施工进度按计划进行。未来的 BIM 技术应用，还能够扩展到 7D，加上施工工序（质量和安全），这样也能最大限度确保施工工序的合理性，以更高的效率来优化施工方案。

(3) 碰撞检测

BIM 技术应用在碰撞检测上，是现阶段能够为建设项目带来显著效益的一个应用点。通过 BIM 技术的相关软件，可以把建筑、结构、安装等各专业 BIM 模型进行合并，从而发现各专业之间的碰撞点。在施工时，由于各专业的设计人员不同，无法确保按照设计施工时建筑物在三维空间中的合理性。对各专业 BIM 模型进行空间碰撞检查，能够对因图纸造成的问题进行提前预警，第一时间发现和解决设计技术问题，特别是有些管道由于技术参数原因禁止弯折，只有通过施工前的碰撞预警才能有效避免这类情况发生。通过 BIM 技术对设计进行碰撞检测，避免了因为返工、拆除等带来的高额成本和资源浪费，确保了项目的正常施工，保障了工期。

（4）信息协同与共享

应用 BIM 技术能够做到工程项目信息的协同和共享。结合互联网技术，企业的管理人员不需去到项目现场，便可以得到项目的相关数据。依据项目的 BIM 模型、进度计划、企业定额、企业价格库，便可以实现对项目生成动态的资源计划，实现对人工、材料、机械、投资等资源的精准分析。

未来的 BIM 技术不仅能够做到单个项目不同阶段的多算对比，还能做到多项目集中管理、查看、统计和分析。将工程信息模型汇总到企业总部的系统中，形成一个汇总的企业级项目基础数据库，企业不同岗位可以根据不同需求进行数据的查询和分析，为高层的管理和决策提供依据，也能够为单个项目的决策提供经验。但是 BIM 模型中的信息量庞大，如何流畅地进行数据的上传与访问，如何确保信息的安全性和保密性，都需要继续深入研究和探讨，这方面也是 BIM 的发展方向。

（5）建筑全生命周期管理（BLM）

随着 BIM 技术的兴起，建筑全生命周期管理（BLM）的概念也成了建筑业的热门话题。在建筑全生命周期过程中，从决策阶段、设计阶段、施工阶段到后期运营阶段，参与人员数目巨大、专业种类繁多、信息量也十分巨大。尽管如此，建筑全生命周期管理为建设工程带来的价值也是不可估量的，能够提升的社会价值和环境价值更是无法衡量的。因此，建筑的全生命周期管理，无疑是建筑业的重要发展方向。

BIM 技术能够从根本上改变传统工程建设各方之间的信息传递的方式，以此来辅助建筑全生命周期管理，从而更有效地实现建筑全生命周期管理。目前，国内外的学术工作者们对建筑全生命周期管理的理论研究已经进行了很多年，但一直缺乏能够支撑它的技术条件。而 BIM 技术的推广能够从真正意义上实现建筑全生命周期管理的理论，也为实际的应用提供了强有力的支持。BIM 技术结合建筑全生命周期管理，一定是未来研究和应用的主流发展方向，同时也将成为 BIM 技术发展中的重大课题。

1.1.2.2 BIM 技术的价值

BIM 技术在应用方面的优势主要包括以下几个方面。

① BIM 技术具有可视化的特征，可以通过三维数据模型将工程效果展现出来，更好地帮助建设单位对项目进行整体把握。

② BIM 技术具有较强的协调性，可以更好地使施工单位掌握施工要点，同时还可以加强各单位之间的交流沟通，有利于进行工作调整，从而保障工程建设的顺利开展。

③ BIM 技术具有支持模拟碰撞检测的功能，可以在工程正式施工之前，通过碰撞检测清楚了解工程是否存在问题，可以有针对性地进行设计优化，从而实现工程质量的提升。

④ BIM 技术还可以进行虚拟施工，该技术的应用突破了时间和空间的限制，可以使施工单位在三维模型中进行虚拟施工，对施工计划的可行性以及实际效果进行验证，

同时还可以保障施工活动严格按照相关流程开展，并且降低了发生质量问题的风险。

1.1.3　BIM 技术应用软件

　　BIM 技术在应用过程中涉及大量的专业软件，以基础建模软件为核心，辐射至项目管理的各个环节，如图 1-1 所示。

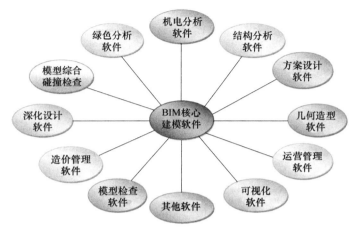

图 1-1　BIM 软件的类型

　　下面列举了一些国内外的 BIM 软件产品，见表 1-1。

表 1-1　国内外 BIM 相关软件情况

序号	BIM 软件类型	国外软件产品	国内软件产品
1	BIM 核心建模软件	Revit Architecture/Structure/MEP，Bentley Architecture/Structre/Mechanical， ArchiCAD，Digital Project	天正、鸿业、博超、鲁班、广联达
2	绿色分析软件	Ecotect，IES，Green Building Studio	PKPM、斯维尔
3	机电分析软件	TraneTRACE，Design Master，IES Virtual Enviornment	博超、鸿业
4	结构分析软件	ETABS，STADD，Robot	PKPM
5	深化设计软件	Tekla Structure	探索者
6	模型综合碰撞检查软件	Navisworks，ProjectWise Navigator，Sloibri	鲁班、斯维尔
7	造价管理软件	Sloibri	鲁班、广联达、斯维尔
8	运营管理软件	ARCHIBUS，Navisworks	无
9	其他软件	Onuma，Affinity，Rhino，SketchUp，formZ，3DS MAX，Lightscape	无

1.1.3.1　BIM 核心建模软件

(1) 国外

提到国外的核心建模软件，首先想到的便是美国 Autodesk 公司研制的 Revit 系列软件，该软件包括建筑、结构和机电三个专业。该软件在国外的市场占有率非常高。

ArchiCAD系列软件能够提供独一无二的、基于BIM的施工文档解决方案。该系列软件简化了建筑的建模以及文档读取和存储的过程，使建筑信息模型达到了一个更加详细的程度。

Bentley系列软件，致力于改进建筑、道路、制造设施、公共设施和通信网络等永久资产的创造与运作过程。Bentley产品的优势在基础设施建设（市政、水利、道路、桥梁等）和工厂设计（电力、石油、医药、化工等）两个领域。

CATIA系列软件，在机械设计、制造行业可谓形成了垄断，目前已经包揽了汽车以及航空航天行业几乎所有的市场份额。对于建筑外形不规则、建筑体积庞大的建筑物来说，它的优势十分巨大，但是作为一款跨专业的应用软件，在涉及工程建设行业专业知识，以及和建设项目及人员进行数据信息沟通时，其可能会产生误差，导致效率降低。

（2）国内

在我国的建筑市场中，应用的主流国产建模软件是国内一些企业针对我国国情开发的，如鲁班、广联达、天正、鸿业、博超等。在不同地区，各地方算量标准与定额不尽相同，国外软件设计者不了解我国建筑业的基本现状，因此，外国软件在国内的应用有局限性，而国内开发的软件非常适合国情。

1.1.3.2　BIM绿色分析软件

近年来"环保城市""绿色建筑"等概念不断被提及，建设单位对项目绿色设计方面的要求也越来越高。为了降低建筑业的能耗、减少污染物的排放，以及达到社会可持续发展的要求，这时在设计领域就需要用到BIM绿色分析软件。目前绿色设计主要内容包括阳光辐射、温度控制、空气系统控制、小区景观控制、噪声控制等。目前国外的BIM绿色分析软件包括Ecotect、IES和Green Building Studio等，我国自行开发的软件如PKPM、斯维尔，也有一些相关的功能。PKPM和斯维尔的主要区别在于PKPM的绿色分析功能可把本来作为节能软件应该具备的功能拆分，模块化更明显；而斯维尔软件，功能比较精细，适于全国各地的居住建筑和公共建筑节能审查和能耗评估，并可以直接利用主流建筑设计软件的图形文件，避免重复录入，因此能够大大提高设计图纸节能审查的效率。

1.1.3.3　BIM机电分析软件

机电分析软件也分为不同的专业软件，包括给排水、采暖、电气等。国外的机电分析软件包括Design Master、Trane TRACE、IES Virtual Environment，在国内包括博超和鸿业。随着我国BIM技术的不断发展，软件厂家的不断开发，国产机电分析软件做得越来越完善。

1.1.3.4　BIM结构分析软件

BIM技术的应用需要多专业软件之间互相配合，这样才能够做到项目的效益最大化。国外常用的结构分析软件包括ETABS、Robot、STAAD，这些软件与建模软件能够做到高度兼容，使信息无损传递。国产软件中工程师最为熟悉的是PKPM软件属于结构分析软件中的排头兵，该软件也能实现与建模软件之间接口的无损传递，使得信息能够最大化的保存，最大化地发挥结构分析软件的作用。

1.1.3.5　BIM 深化设计软件

深化设计是指在原设计方案的基础上，结合现场可能出现的实际情况，对设计进行完善、补充，绘制成更具实施性的施工图纸，并指导现场施工。深化设计软件通过对建筑信息模型内的数据加以利用，可直接进行钢筋、钢结构等方面的设计，并出具包括几何形状、数量在内的详细的施工图，使效率提高。XSteel 是众多钢结构深化设计的软件中影响深远的一款；此外，还有 Tekla 软件，能够做到 3D 钢结构的细部设计。

1.1.3.6　BIM 模型检查及综合碰撞检查软件

(1) BIM 模型检查软件

BIM 技术属于信息技术，因此在建 BIM 信息模型时，会不可避免地产生一些失误：如构件的重复布置、管线与构件的碰撞、标高不统一以及空间未封闭等。BIM 模型检查软件则是用来检查问题的来源，进而保证模型的正确性与完整性以及符合业主及设计规范的要求。SMC 软件在国外比较具有影响力，在 BIM 技术应用过程中经常用到；国内来讲，鲁班软件的云功能实现了模型的自检，并能够生成问题报告。

(2) BIM 模型综合碰撞检查软件

BIM 模型综合碰撞检查软件可以集中各专业信息数据，并在模型中进行分析整合、计算协调以及动态模拟，类似于一款审核软件，用以辅助核心建模软件的各专业模型检查，出具更加完善的建筑信息模型。进行模型的综合碰撞检查，能够有效避免错误的产生，为项目设计的向前推进提供源源不断的动力。

在国外，碰撞检测时经常用到美国的 Navisworks 软件；而随着我国 BIM 技术的发展，国内开发的一些软件也能够做到碰撞检测，并出具检测报告，例如鲁班软件。

1.1.3.7　BIM 造价管理软件

项目管理的三大目标是成本、进度、质量，而 BIM 造价管理软件对于实现成本目标至关重要。建筑信息模型集成了项目的各种信息，造价管理软件就是通过对这些信息数据的分析利用，进而提供最合理的成本管理方案，并且随着项目的进行，对造价管理进行持续优化，提高了造价管理的效率。国内的造价管理软件已比较成熟，常用的软件有鲁班和广联达，以鲁班软件为例，图 1-2 为该软件的整体流程框架。

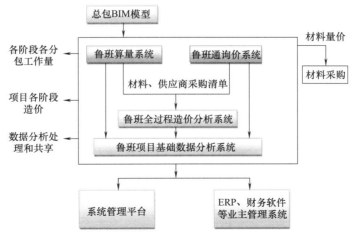

图 1-2　基于鲁班 BIM 造价管理软件的整体流程框架

1.1.3.8 BIM 运营管理软件

BIM 技术在前期的应用，都是在为项目的运营阶段提供条件，因此，BIM 运营管理软件是确保项目成功的关键。由于美国 BIM 技术开始早，因此 ARCHIBUS 软件在运营管理方面极具市场影响力；我国的鲁班、广联达软件公司也开始涉足，并开发出了符合我国国情的软件，想必若干年后一定会将国内 BIM 技术应用推向新高度。

1.1.3.9 BIM 方案设计软件

Onuma 及 Affinity 等是目前市场上的主流 BIM 方案设计软件。方案设计软件能够验证设计人员的设计成果是否符合建设单位在设计目标中的所有要求。如果有不同的地方存在，再进行相应的设计调整。同时，BIM 方案设计软件能够生成与建模软件对应的成果文件，可以直接导入，便于进一步的设计与修改，尽可能满足建设单位的需求。

1.1.3.10 BIM 几何造型软件

SketchUp、formZ 及 Rhino 是较常用的几何造型软件。在设计建筑物时，不仅需要保证项目的实用性，也需要使建筑物有一定的美观性。特别是在对大型标志性建筑物进行设计时，更能显示出造型软件的重要性。相比核心建模软件，几何造型软件能更快更好地促进 BIM 技术的发展，让 BIM 技术的应用达到一个新的高度。

1.1.3.11 BIM 可视化软件

3DS MAX、AccuRender、Artlantis 以及 Lightscape 等是目前最为常用的几款可视化软件。这些软件输出的可视化效果可随时产生，方便项目不同参与方随时随地加以利用。可视化建模也可以减少建筑信息模型建立过程中的重复劳动，并且能够大大提高建筑信息模型的精确度，并与设计实物相符合。

1.1.4 BIM 技术应用的七个层次

任何一种技术的应用和发展都需要经历由浅入深、从初级到高级的过程，只有充分发挥其自身的效用，才可能最大化地实现其价值。BIM 技术应用和发展也不例外。通常，可以将 BIM 技术的应用层次划分为七个层次，如图 1-3 所示。

(1) 3D 模型

BIM 技术应用的第一个层次，是 3D 模型的应用。在最开始的建筑业里，是将三维的建筑实体，以平立剖的二维图纸表现出来，这也算是建筑业史上的一个里程碑，是一项伟大的发明，促进了建筑业快速进步和发展。由于理解传统的二维图纸需要丰富的专业知识，对人员的素质要求也很高，造成了工程项目各参与方之间的交流障碍，在一定程度上阻碍了建筑业的进步。BIM 技术应用在建设工程中，将建筑设计从二维转变为三维，在一定程度上模拟了建筑实体的样子，减少了个人主观理解之间的差异。而且 3D 模型的应用，能够提高项目设计的精确度，减少设计中的错误产生，方便各参与方更直观地理解建筑物。

(2) 综合检测（碰撞检测）

BIM 技术应用的第二个层次，是综合检测。一个建设工程项目需要进行的相关工作经常涉及很多方面，并且品种繁多，难度很大，要做到没有一丝错误是不可能的。一

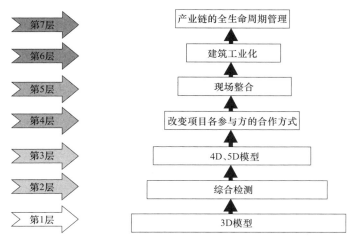

图 1-3　BIM 技术应用的七个层次

且在设计上出现失误，便难以弥补，而且会导致进度落后、增加不必要的成本、资源浪费甚至发生危险的事故，等等。另外，如果在建设过程中，建设单位本身的需求发生了变化，也会导致设计变更的发生。虽然只有很少的项目能够完全按照最初的设计进行下去，但是这种变更还是能免则免。BIM 技术应用能够做到综合检测，能够检测多专业间的碰撞、空间净高是否符合要求等。进行综合检测能够使设计变更最大限度的减少，减少返工和劳动力的浪费，降低了成本，也保障了计划进度的正常进行。

（3）4D、5D 模型

4D 就是建筑实体的三维加上时间的维度。在 4D 的基础上加上成本的维度，便成了 5D 的建筑信息模型。4D 模型的应用能够观察到建设工程项目的动态进度，而 5D 模型的应用能够实现建设工程项目中的成本的动态控制，直接在 BIM 模型中框图即可完成进度款的汇总，分类生成统计报表，方便快速统计进度款，使得进度款有理有据。同时，利用 BIM 的 5D 模型可以编制动态的资源、材料需求计划，根据施工计划、工程造价做到现场无过剩材料，节约资源的同时最大程度上发挥投入资金的效益。由于在模型中存储了建设项目的所有信息，在此基础上的 4D 以及 5D 的建筑信息模型的应用能够为建设项目带来比传统二维图纸更高的效益。

（4）改变项目各参与方的合作方式

工程建设是一项对各参与方的配合度要求很高的生产工作。因此，要想达到预期目标，就必须注重各参与方之间的沟通与合作。BIM 技术的第四层应用能够改变项目各参与方的合作方式。一方面体现在交流方式的改变上，另一方面体现在信息传递的完整性上。

传统的信息交流方式和基于 BIM 技术的参与方之间的信息交流存在着一定的差异，如图 1-4 所示。传统技术中，项目各参与方的交流都是两两之间，有时同样的数据信息需要提供给不同的参与方，并且一旦部分出错，整体都要重新修改后再次提供，重复的工作需要做多次；而基于 BIM 技术的信息交流，会大幅度减少这种重复工作。项目建设的各参与方只需要将提供的信息数据传到系统的 BIM 中，通过项目协同管理平台，其他参与方便可实时下载。

此外，世界各地的理论研究和工程实践证明，应用 BIM 技术可以减少信息衰减，利于信息保全。BIM 技术可以使建筑信息无损地从设计、施工准备传导到构件生产以及后期的构件安装环节，这也就形成了一种新型的团队组织模式。同时，基于 BIM 技术的信息交流减少了人工对接，这样就减少了信息在传递过程中的衰减，最大限度上保持了信息的完整性和准确性。

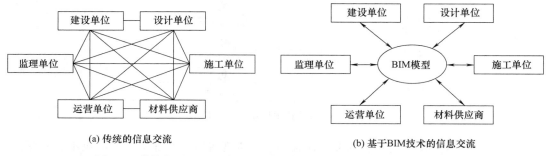

（a）传统的信息交流　　　　　　　　　　（b）基于BIM技术的信息交流

图 1-4　传统与基于 BIM 技术的项目参与方之间的信息交流差异比较

（5）现场整合

BIM 技术应用的第五个层次是能够对施工现场的管理进行整合。建设工程项目的施工会施工很多因素的影响，施工现场的工作要做好随时接受挑战的准备。如果说前几个层次的 BIM 技术应用都是理论研究，那么对现场的整合便是具体的实施。

应用 BIM 技术能够以 BIM 的 3D 模型代替传统的二维图纸。由于三维的建筑模型能更直观地让施工人员理解，因此，就会减少施工人员由于对图纸的错误理解而造成的损失，从而正确指导现场施工。BIM 技术也能够在施工前进行施工方案的预演，进行施工的模拟，对施工工序的准确性能够提前预判，对施工现场有着很重要的意义。结合互联网技术、移动通信技术以及新兴的 RFID 技术，将 BIM 模型和施工现场的需求整合，便能够形成 BIM 技术对现场工作的最大支持，通过多方高效协同的方式，大幅度提升管理的效率。

（6）建筑工业化

制造业之所以效率高、成品率高、质量好，就是因为其有标准化的流程以及完善的生产线。建筑业如要采用工业化的生产方式，则必须形成标准化生产流程，将产品的加工形成一个标准的流水线，由此来降低生产成本，提高产品质量。做到标准化生产后，还可以节约资源、提高工作效率、减少建筑垃圾的排放，在工厂里预制了构件之后，就能够减少现场施工自然条件的限制，因此能够做到项目的质量更好、价值更高。

BIM 技术的应用为建筑工业化提供了创建标准化信息库的条件，并为信息化管理提供了可靠的应用基础。而且基于 BIM 技术的各个专业的模型、构件库以及生产和生命周期全过程跟踪等手段，为建筑业全面实现现代化提供了强有力的支撑。此外，BIM 技术的应用还能为预制构件自动化生产的实现提供基础，对于设计复杂的构件，BIM 技术与工业生产的相关技术相结合，可以完成传统工作方法很难完成的工作。国内外大量的工程实践和理论研究证明，BIM 技术的应用将加速推进我国建筑业采用工业化生产方式的进程。

（7）产业链的全生命周期管理

BIM 技术应用的最高层次是产业链的全生命周期管理。建设工程项目的整个产业链的参与方包括：政府机关、建设单位、设计单位、施工单位、监理单位、预制构件厂、材料设备供应单位等。加强这些参与方之间的有效联系，可以提高建筑业整体的生产效率。

将 BIM 技术应用到产业链的各参与方当中，能够从根本上改变传统工程建设各方之间的信息传递方式，以此来辅助建筑全生命周期管理，使 BIM 技术能够最大限度地发挥价值，这也是 BIM 技术应用的最高层次。BIM 技术结合建筑全生命周期管理，一定是未来研究和应用的主流发展方向，同时也将成为 BIM 技术发展中的重大课题。

1.2　基于 BIM 的协同管理

1.2.1　协同管理的基本概念

1.2.1.1　协同管理的定义

"协同"一词来自古希腊，或曰协和、同步、和谐、协调、协作、合作，是协同学的基本范畴。协同的定义就是指协调两个或者两个以上的不同资源或者个体，协同一致地完成某一目标的过程或能力。

协同管理模式（Integrated Project Delivery，IPD）是 20 世纪末兴起的一种新的工程施工管理模式。这种管理模式即在一个项目中集合人力资源、工程体系、商业结构和实践等各方面因素，通过有效协作，利用所有参与方的优势，提高综合协调管理能力，优化项目管理模式，为业主项目增加价值服务，使项目设计、制造和施工等各个阶段达到效率最优化。

随着计算机技术、虚拟仿真以及可视化等先进技术的发展，尤其将 BIM 技术引入协同管理模式中后，使这种管理模式更加丰富完善起来。协同管理模式的基本原则是团队之间的密切合作，关注项目的综合管理协调和整体优化；核心特征是在协同管理理念的指导下，工程建造过程中相关方早期参与，经各方探讨验证后，共同确定项目管控计划目标，实现多方协同，提高工作效率。

例如，建设工程项目是业主、设计、监理、施工方共同努力而得到的一个整体产品，主要包括桩基工程、基坑工程、结构工程、给排水工程、电气工程、采暖与通风工程、装修工程等七大模块，BIM 协同工作就是将各个模块的信息数据集成，以数据为核心，数据的创建、管理、发布成为信息化的基本定义，对建设工程项目进行更加便捷、更加精确的管理。

1.2.1.2 协同工作的优势

协同工作是 BIM 非常重要的优势之一，能给建设工程项目的各参与方带来很多便利，因此从建筑的全生命周期中可以看出受益方，以图 1-5 引用项目全生命周期的 BIM 协同工作框架来阐述优势所在。

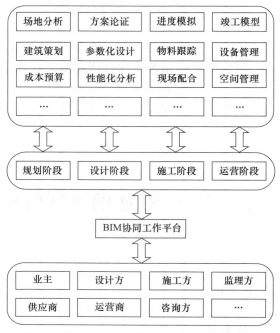

图 1-5 项目全生命周期的 BIM 协同工作框架

（1）减少了各阶段间的信息遗漏

BIM 协同工作平台，为项目各参与单位提供了一个信息共享的平台。项目各参与单位均是基于 BIM 技术开展工作，且数据均保存在平台上，有效地减少了专业间由于信息不对称带来的问题。同时由于各参与单位可通过该平台获取项目前期的资料和信息，使各参与单位在参与项目时了解项目的前期情况，减少了各阶段间的信息遗漏。

（2）提高了管理的质量和效率

BIM 协同工作平台为项目各参建单位提供了信息交流、协同工作的平台，各参建单位可以根据自己的需要获取所需的信息，对信息进行消化、吸收，可直接通过平台与各单位进行沟通交流，并采取相应措施，避免了因纸质等传递方式造成的信息传递延误及流失，从而提高了管理的质量和效率。

（3）有效地掌控了项目的整体进展情况

BIM 协同工作平台，使项目信息透明化，各参与单位间的工作协同化，可以帮助业主清晰明了地了解工程的实际进度、投资情况，从而使业主能够对项目可能发生的突发情况进行预先估计，并制订应急预案，从而减小其发生概率，保证项目正常进行。

（4）赋予不同的参与方不同的权限，各司其职，提高了信息传递的效率与精度

例如设计单位的图纸、三维模型、碰撞检查情况均应在平台上有所反映。施工单位可根据自己的权限查阅设计单位输入的信息，并进行施工模拟，定期输入相关数据，以反映施工现场的进展；监理单位可以查看施工单位信息，并上传现场实施的监理情况的相关资料；业主单位则可以查看所有参与方在各个阶段的信息，以了解工程的进展，进而对风险进行预估，并采取相应的措施。各参与方在权限范围内获取项目的信息，推进各自的工作。

1.2.1.3　BIM 协同工作平台的价值

① 相关分公司、部门纳入平台统一管理。

② 利用 BIM 技术建立支撑企业后台的大数据。

③ 专业人员建模，其他人员便捷地使用模型。

④ 确保信息传递的准确性、及时性、可追溯性和对应性。

⑤ 与 ERP/PM 项目管理系统实现数据对接。

⑥ 人员调整后数据资料不会丢失，可以延续。

1.2.1.4　不同项目参与方的 BIM 技术应用

工程项目的建设过程中会有大量的参与者，如果想要做好协同管理，必须各司其职，这样才能确保顺利完成项目目标。有的参与方直接参与项目建设，另一些参与方则能够对建设项目间接产生影响。如图 1-6，项目全生命周期中，建设工程项目的参与方包括政府机构、建设单位、设计单位、施工单位、监理单位、运营单位、预制构件生产商以及材料设备供应商等。项目参与方的数量众多，也是建设工程项目的一大特点。

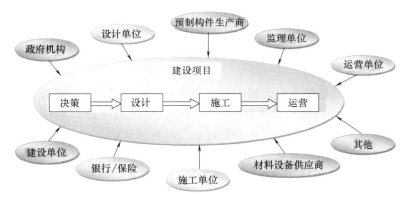

图 1-6　建设项目全生命周期中各参与方

（1）政府机构

现在政府机构的工作重点发生了改变，已经由职能型政府向服务型政府转变，传统的管理模式已不能满足城市发展建设的需要。BIM 技术在建设工程中应用，能够辅助政府机构解决民生问题。利用 BIM 技术可以提升和优化建设工程工期、质量、成本等目标的控制水平，改善民生。作为建设工程行业管理部门的政府机构，颁布的政策法规、技术规范，也会引导行业 BIM 技术的应用与发展，提高行业的信息化水平，提升工作效率。

（2）建设单位

建设单位的职责是正确处理好与项目所有参与方的关系，协调、督促各方按照建设法规、合同协议的要求，在规定的时间内完成合同内的内容。由于建设单位需要自始至终对项目进行监督和协调，因此，建设单位的决策水平、协调能力和沟通能力，对项目的成败起到关键的作用。

BIM 技术的应用能够协助建设单位进行与各参与方协调的工作。从建设单位的角度考虑，应用 BIM 技术在建设工程中，在履行自己的责任和义务的同时，也要追求产能最大化，注重产生的环境效益和社会效益。相比传统管理模式，应用 BIM 技术能更清楚地表达项目的目标，并可以将大脑中的想象，以数字化信息的方式表达，使设计人员能够清晰地了解到项目的目标，有的放矢，最终便可以提升整个项目的性能。建设单位在建设工程中应用 BIM 技术，还能在项目协同系统中，随时随地了解项目的进行状态，结合项目的目标和各参与方的意见，发现并解决该项目可能出现的问题，提高项目对风险的抵抗能力的同时提高管理效率。

（3）设计单位

设计单位在项目全生命周期过程中，首先建立起三维 BIM 模型。设计单位将建设单位的需求在 BIM 模型上体现出来，进而保证后续工作的正常进行。BIM 技术在社会上的认同度、发展力和普及的方法，均从设计领域普遍应用 BIM 技术开始。设计单位需要首先确定工程项目的建设规模、使用功能等，根据项目的总投资和质量目标来建立BIM 模型。这个阶段建立的 BIM 模型既是建设单位需求的体现，也是后期项目施工的依据，还是后期运营的依据，它与项目的全生命周期管理紧密相连。

设计单位能够根据 BIM 模型进行碰撞检测，还能够对施工方案的可行性进行测试，尽量减少在施工过程中可能发生的变更。设计单位将 BIM 技术应用在建设工程中，能够更加有利于工程项目预制构件的划分，能够从项目之初就提高生产效率，加快了项目进度，设计修改与变更也变得更加容易，设计时间不断在缩短，设计师最终展示成果时也更加直观，方便各方交流。

尤其是对于装配式建筑来说，因为它属于绿色生态建筑，它对环境的污染相较于传统建筑，可以减少 60％，进行这种新型住宅的设计，便成为设计单位愿意尝试的新工作。装配式住宅由"零件"组成，在实现建筑设计标准化的过程中，建立构件库是其中一个重要的任务。构件库就相当于是制造业的零部件，每个不同的构件都有唯一的信息，在这个过程中应用 BIM 技术，也就将传统的建筑业向建筑业工业化方向推进了一步。设计单位应用 BIM 技术，能够帮助设计师进行能源消耗的分析，更加注重能源利用率，以此来减少资源的浪费，争取更佳的环境效益，有利于社会可持续发展。

（4）施工单位

施工单位是采用工业化生产方式的建设工程项目现场协同管理的主要参与者和反馈者，因此，应用 BIM 技术会取得十分明显的成效。施工单位的工作是将虚拟的建筑模型转变为工程项目实体。在中标之后，根据企业经济水平、管理水平和技术水平，制订具体的施工方案，在合同承诺的时间内，保质保量地完成项目建设。施工单位应用BIM 技术，可以实现对项目施工前的综合碰撞检测，能够对成本进行实时控制，对施工方案以及工序的准确性进行论证，对材料采购作出最恰当的计划，保证在项目竣工时完成项目的目标。

施工单位可以在施工前，使用综合碰撞检测软件进行三维碰撞检查，这样做可以有效减少在建设工程项目施工过程中，由于设备管线与预制构件碰撞造成的拆卸和返工。这些重复工作会使施工单位付出巨额的费用以进行弥补，甚至会导致进度延期。BIM技术的应用能够提前避免这种资源浪费现象的发生。

施工单位应用BIM技术，最能直接降低成本。在BIM 3D模型中加入施工进度和工程造价信息，生成5D模型，可方便日后结算工程进度款，使进度款的支付数额与实际相一致；还可以观察工程在任何时间节点上的施工进度状态，实现整个施工过程的可视化模拟。

施工单位应用BIM技术还可以优化净空高度，进行预制构件进出场的高度检测，优化管线、斜撑的排布方案，等等。对于建设工程来说，现场的安装是项目质量保障的关键点。施工单位应用BIM技术，便能够提高安装质量，确保施工速度。应用BIM技术可以确保在安装过程中构件之间连接位置的准确和连接顺序的合理，还有利于加强施工过程中的安全管理。

（5）监理单位

监理单位是协助建设单位解决复杂工程技术问题的，其工作人员需要有丰富的专业知识和技能，并为其监理的建筑工程承担技术和经济责任。监理单位必须熟悉与项目相关的国家标准、政策、技术规范等，了解建设项目的最终目标以及阶段性目标，协助建设单位对整个工程进行质量、进度、成本以及信息的管理，并做好咨询服务。监理单位在建设工程中应用BIM技术，便可以做到现场管理与协同，将施工现场发现的质量、安全、进度等问题，分类别、实时上传到项目协同管理系统上，完成监理单位的监督职能，并对施工单位起到警示作用，也为处理日后的纠纷提供依据。

（6）运营单位

当建设工程即将收尾，进入到运营维护阶段时，就需要有专门的运营单位介入到项目管理中。运营单位负责该项目日常的运营和物业管理，例如房屋维护、设备的定期检修、排查安全隐患等。BIM技术的投入应用还能在项目竣工时生成一个带有建设工程项目全部信息的模型，将在项目运营阶段发挥重要的作用。

建设工程项目的运营可以是建设单位主管，也可以雇用专业运营单位。运营单位在项目的全生命周期管理中也会起到重要作用，能够对项目进行后评价，保证项目的可持续使用。BIM技术的应用不仅可以在项目设计和施工阶段创造更大的效益，在运营阶段也可以帮助运营单位更好地管理该项目。运营单位应用BIM技术，能够增加项目后期运营的可控性。

（7）预制构件生产商

现在国内新兴的装配式住宅和普通住宅的区别在于：装配式住宅中的构件大部分是在构件厂内预制好的，有标准流程的生产线，房屋由各个构件在现场拼装起来。因此，预制构件生产商也成为项目直接参与方里面不可缺少的一方，对于建筑信息模型的建立与维护均起着至关重要的作用。

预制构件的生产有一定的生产周期，环环相扣，出现纰漏便会影响项目后面的计划。预制构件生产商应用BIM技术，可以优化构件生产计划，保证预制构件按时运输到施工现场的同时，能够保证没有过剩的构件堆积。

如果预制构件生产商根据以往的二维图纸进行装配式住宅施工，还需要将图纸进行二次拆分，拆分成各个构件，造成了劳动力的浪费。但是如果将 BIM 技术引进到项目建设中之后，前期设计单位创建的预制构件库中有各个标准化构件的 BIM 模型，包含预制构件的所有信息，根据构件库的信息数据，无须二次拆分，便可进入到生产环节。

预制构件生产商拿到构件库的信息后，根据 BIM 模型，能够实现对预制构件进行数控加工，提高构件的精确度，做到尺寸、质量都能够像制造业生产的配件一样准确与达标。

（8）材料设备供应商

项目实体是由各种材料通过施工技术建成，因此建设项目所需的各种设备，预制构件，建筑材料的质量、价格、性能、供货时间等因素，会影响到项目建设的各个目标的完成，是确保项目顺利进行的必要条件之一。

通过应用 BIM 技术，材料设备供应商可以提前参与到项目工作中，根据建设工程项目的特点，制订具有针对性的设备生产计划，或者研发特有的材料与新工艺。

材料供应商应用 BIM 技术，可以对材料的需求量实时掌控。通过建筑信息模型的模拟，可以预计到项目实时的材料需求情况，由此制订的材料供应计划，便可以确保不耽误工程进度，并最大化地控制现场材料的过量堆放，减少材料损耗，为项目创造更大的效益。

此外，作为建筑材料设备的生产厂商和供应商，必须提供完整的材料信息，作为 BIM 模型中的重要组成部分，以便日后的维修和更换。

1.2.1.5 BIM 协同管理体系的建设

（1）发挥业主领导作用

业主方作为工程项目的建设单位，在工程项目管理中起主导作用，同时，也是实施 BIM 协同管理的最大受益者。因此，业主方在基于 BIM 的工程项目信息协同管理中需要发挥核心领导作用，通过采取相应的措施和管理办法，推动项目各参与方应用 BIM 信息协同系统进行信息交流和传递，保证项目目标的实现。

① 激励措施。在工程项目建设中，虽然业主方处于一种领导支配地位，但是，在项目实施过程中，项目各参与方都是彼此独立且互相联系的参与主体，不存在任何行政隶属关系。因此，在工程项目实施过程中，需要采取一些激励措施来调动项目各参与方的积极性，推动 BIM 信息协同管理的实施。

② 文化建设。工程项目各参与方由于拥有不同的发展目标，各自的工作方法可能因各自的组织文化存在差异而有所不同，因此，为了使项目各参与方之间更好地应用 BIM 进行信息协同，需要形成一种以合作和信任为基础的组织文化。通过构建这种文化，使项目各参与方为自身传递的信息负责，从而保证 BIM 信息协同管理中信息传递的效率与准确性。

③ 管理措施。通过制定 BIM 信息协同管理相关制度，明确 BIM 信息协同管理的相关要求，对项目各参与方形成一定的约束。只有各参与方严格遵守 BIM 信息协同管理相关制度，才能保证项目全生命周期中信息的共享和传递，实现 BIM 信息协同管理的预期目标。

（2）BIM 协同管理规范建立

① 协同工作环境。在 BIM 信息协同管理中，为了使 BIM 信息集成与共享达到良

好效果，首先，需要建立企业的 BIM 协同工作环境，主要包括：

a. 建立统一的 BIM 信息协同管理规范，使各参与方人员通过统一的 BIM 协同系统对数据进行索取与提交，保证数据交付的及时性与一致性；

b. 建立数据安全管理规范，其内容包括：BIM 服务器的网络安全控制、数据的定期备份及灾难恢复、数据使用权限的控制等。

② 外部协同规范。外部协同是指工程项目建设过程中涉及的参与企业之间的协同。由于各参与方可能分布在不同地方，并且受到互联网带宽的限制，在制定外部协同规范时，主要考虑两个方面：

a. 在信息数据交互协作过程中，应考虑到数据的安全性、可追溯性等方面的问题；

b. 由于存在网络带宽的限制，应采用阶段性的或定期的数据交互方式，以保证并行工作的数据传输效率，使协同工作能够正常进行。

③ 内部协同规范。内部协同是指项目参与方自身内部各专业间的协同，在制定内部协同规范时，主要考虑三个方面：

a. 基于统一的 BIM 模型数据源进行，以实现实时的数据共享；

b. 制定合理的任务分配原则，以保证各专业间协同工作顺畅有序；

c. 各专业应建立相应权限，实时共享数据，但不能任意修改。

（3）BIM 合同编制

在 BIM 信息协同管理实施中，通过合同来规范 BIM 信息协同的相关应用十分必要。在 BIM 合同条款中，需要对 BIM 信息协同系统的应用以及 BIM 信息模型交付的模型深度、模型包含内容以及模型质量等作出详细的规定，这将有助于工程项目各参与方对 BIM 信息协同管理任务的内容理解，实现对 BIM 信息协同管理的有效评估，从根本上保障各参与方的利益。BIM 合同编制过程中，应重点从以下几个方面考虑。

① BIM 工作内容及交付物要求。明确工程项目各参与方在项目各阶段需要完成的 BIM 信息协同任务、BIM 信息模型涵盖的交付内容及深度要求。

② 技术要求。对 BIM 模型的创建、模型承载的项目信息等提出规范性要求，最大限度实现 BIM 模型应用与分析的价值。

③ 项目组织及管理要求。BIM 信息协同管理涉及项目各参与方，需要明确各参与方 BIM 专门负责人以及相应的职责；明确各参与方在项目的执行中须建立的各种规范以及具体的规范条款；明确各参与方在 BIM 信息协同过程中承担的任务与职责。

④ 知识产权要求。对 BIM 信息协同管理中有关的知识产权提前进行界定，包括 BIM 模型成果及相应分析报告、申请的发明专利及相关技术、有关企业商业机密等。

1.2.2　BIM 协同管理方式

1.2.2.1　协同管理原则

（1）实时性原则

实时性是指项目各参与方都在不限制时间和地点的情况下可以随时获取所需的项目相关信息，即工程项目各参与方通过 BIM 信息协同管理平台可以随时查看项目的最新进展情况，并下载相关信息内容，保持良好的交流与沟通。同时，通过 BIM 信息协同管理平台，可以及时发现项目存在的问题并及时进行处理，从而提高项目的管理效率。

（2）通畅性原则

当前，关于 BIM 各类应用软件还没有形成完整统一的体系，项目各参与方之间在进行信息交换时，需要将各自所建立的 BIM 模型转换为目前通用的基于 IFC 数据标准的 IFC 模型进行信息交换。因此，BIM 信息协同管理平台能够支持不同 BIM 软件之间进行基于 IFC 数据标准的信息交换，以保证不同 BIM 模型之间信息交换和共享的通畅性。

（3）安全性原则

工程项目参与方数量较多，并且各参与方参与项目的范围和专业领域各不相同，因此，需要设置信息访问权限和采取相应安全措施，防止各参与方的相关信息外泄，保护各参与方的商业机密和利益。

1.2.2.2 协同管理实现的三个要素

BIM 的协同作业需要有一个管理平台，有整个项目的总指挥以及各专业所属的工作子集，各司其职，所有的信息都要汇总到中心文件，再由中心文件发出指令，如图1-7 所示。当没有平台时，各专业在一定程度上也会进行协同作业，但在信息传递过程中会显现不畅通的弊端，应对以下三个要素进行考虑。

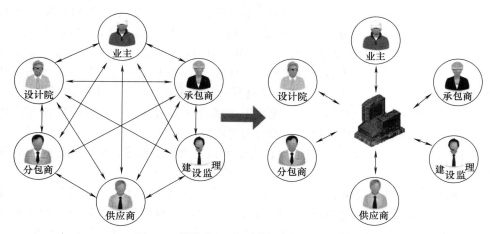

图 1-7　传统管理方式向协同管理方式转变

① 从流程总图中标示出每个信息交换需求，特别是不同专业团队之间的信息交换。从流程总图上应该标示出信息交换的时机，并将信息交换节点按照时间顺序排列，这样能确保项目参与者知道随着项目的进行 BIM 应用成果交付的时间。

② 确定每个信息交换的输入、输出需求。由信息接收者定义信息交换的范围和细度，每项信息交换应该从输入和输出两个角度描述信息交换需求，如果某项信息交换的输入或输出由多个团队完成，并对信息交换需求有差异，则应在一张信息交换定义表中分开描述信息交换需求。如果信息接收者不明确，由项目组集体讨论确定信息交换范围。同时需要确定的还有模型文件格式，需由有经验的工程技术人员（或外聘技术专家）指定应用的软件及其版本，确保信息交换互操作的可行性。

③ 为每项信息交换内容确定责任方。信息交换的每行信息都应该指定一个责任方负责信息的创建。负责信息创建的责任方应该是能高效、准确创建信息的团队。此外，模型输入的时间应该由模型接收方来确认，并在流程中体现。

1.2.2.3 协同管理方式

BIM 信息协同管理方式是指工程项目各参与方通过 BIM 信息模型以及 BIM 信息协同系统，对项目的信息进行及时共享与传递，从而提高工程项目管理的效率与效益，具体 BIM 信息协同管理方式如图 1-8 所示。

其中，BIM 信息模型是工程项目各参与方根据项目不同的建设阶段以及自身掌握的项目信息创建的 BIM 模型，如设计方建立 BIM 设计模型、承包方建立 BIM 施工模型、供应商建立 BIM 采购模型、运营商建立 BIM 运营模型等，从而实现项目信息数据的数字化与集成化；BIM 信息协同系统把项目各参与方所建立的 BIM 模型有效集成起来，储存至系统后台数据库中，数据库中的信息数据经过及时调整和更新后，项目各参与方可以通过数据库访问工具来查询项目的最新进展信息，获得自身所需的项目资料，实现项目信息高效、准确、及时的共享与传递。

在实际运用中，业主方通过 BIM 的信息协同系统，可以随时查看并掌握项目开发各个阶段的相关项目进展情况，其他各个参与方通过 BIM 信息协同系统，将项目最新相关信息反映到 BIM 信息模型中，达到彼此间信息及时共享与传递的目的，从而改善项目各参与方之间复杂的关系，实现大家的互利共赢。

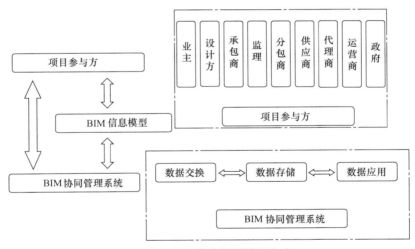

图 1-8　BIM 信息协同管理方式

1.2.3　BIM 协同管理流程

BIM 信息协同管理实施的主要内容是对 BIM 应用下项目参与方职责和任务的界定。因此，根据项目的工作阶段规划了 BIM 信息协同管理的整体实施流程。

(1) 制订项目章程

组织召开项目动员会，明确项目目标，界定项目范围，确定项目各参与方负责人、协调人等主要 BIM 人员信息，使各参与方朝着整体一致的项目目标开展工作。

（2）明确 BIM 范围

BIM 信息协同管理中涉及项目参与方较多，需要对项目各参与方的工作内容进行界定，重点包括 BIM 配合工作、BIM 输出成果等。

（3）建立 BIM 实施团队

BIM 实施团队的组建应联合项目各参与方团队，明确各参与方的人员职责以及配备情况，并形成团队通讯录。

（4）制订实施计划

基于 BIM 的工程项目信息协同管理实施项目，各参与方结合项目目标和自身服务范围，编制各自 BIM 实施计划，并详细分解计划内容，如工作的输入输出、持续时间等信息，之后汇总到业主方，形成 BIM 协同整体计划。

（5）跟踪计划实施过程

项目各参与方依据制订的实施计划展开相关工作，定期汇报相关工作成果，并按照业主的建议及项目进展情况实时调整。

（6）检查实施成果

根据项目各参与方 BIM 服务范围，对 BIM 信息协同过程中各参与方的 BIM 应用成果进行检查和验收。

（7）总结

BIM 信息协同管理结束后，业主对 BIM 信息协同管理成果进行评价，分析 BIM 协同成果以及出现的问题等，形成 BIM 信息协同管理总结报告。

下面列举应用鲁班软件进行 BIM 模型交底和碰撞检查两个方面的应用流程。

1.2.3.1 模型交底应用流程

模型交底应用流程见图 1-9。

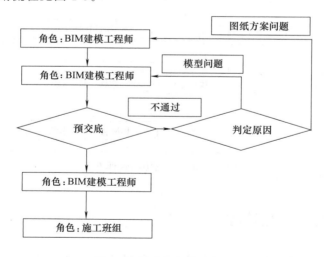

图 1-9　模型交底应用流程

1.2.3.2 碰撞检查应用流程

碰撞检查应用流程见图 1-10。

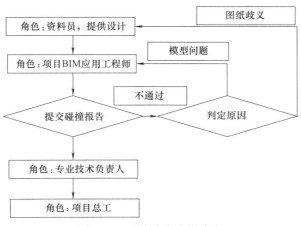

图 1-10　碰撞检查应用流程

1.2.4　BIM 协同管理内容

项目建设各个阶段的协同管理内容各不相同，下面从项目决策阶段、项目设计阶段、项目施工阶段和项目运营阶段四个阶段来说明 BIM 协同管理的内容。

1.2.4.1　项目决策阶段

在项目决策阶段，根据业主的建设意向建立一个 BIM 基础模型，业主、咨询机构、设计方等相关参与方通过 BIM 模型可以直观地了解拟建项目的整体情况，并实时进行交流。同时，对 BIM 模型进行各个方面的模拟分析，进而作出拟建项目的可行性判断、设计方案的修正以及项目整体的预测评价。由于项目信息数据的集成与共享，BIM 模型中集成了项目前期阶段多种信息，因此，可以按照项目决策信息的分类，将 BIM 模型及其相关资料按照周边地理环境信息、建筑外观信息、建筑功能信息、投资决策信息进行分类存储与管理。BIM 集成的周边地理环境信息主要包括项目场地的区域位置、指北针、风向玫瑰、经纬度等，可对项目场地选址的科学性与合理性进行评估。BIM 集成的建筑外观信息是通过创建项目三维概念模型对建筑的体量大小、高度及形体关系进行可视化展示，主要包括建筑空间尺寸信息、外部表皮材质信息等。BIM 集成的建筑功能信息主要用于分析判断项目与周边城市空间、群体建筑各个单体之间的适宜性。BIM 集成的投资测算信息指通过运用 BIM 模型，将策划文件中的项目总用地面积、开发强度、容积率控制等信息输入 BIM 模型中，形成相应的分析图表与投资测算相关指标，对项目的投资决策提供可视化判断。

1.2.4.2　项目设计阶段

通常，项目设计阶段一般可以细分为初步设计、深化设计、施工图设计三个阶段。在方案设计阶段，BIM 模型可以进行建筑性能分析，如对建筑进行室内外环境模拟分析、交通状况分析等；还可对绿色建筑从风能、日照等方面进行分析。在初步设计和施工图设计阶段，BIM 模型能很好地将设计效果直观展现，有效地解决各专业的碰撞问题，减少设计变更的发生。因此，在设计阶段，项目各参与方通过 BIM 信息协同系统，可以查看 BIM 设计模型中的相关设计信息，并提出相关建议。同时，业主可以通过 BIM 信息协同系统管理设计方，提高设计的水平和效率，为招标与施工打下良好的基础。在此阶段，将 BIM 集成的项目信息按照建筑性能分析信息、施工图深化设计信息、管线综合平衡设计信息进行分类存储与管理。

（1）初步设计阶段

在初步设计阶段，业主根据 BIM 信息协同系统中项目决策的相关信息对项目提出进一步要求，设计方根据业主的反馈意见对 BIM 模型进行修改，运用建筑性能专业分析软件对 BIM 模型进行日照、能耗、室内外环境、光污染、噪声等模拟分析，得出模拟分析报告及相关数据分析结果，提高建筑物的性能、质量及安全性，并将项目相关模拟信息分别存储至 BIM 信息协同系统的建筑性能模拟信息目录下。

（2）深化设计阶段

在深化设计阶段，业主根据 BIM 信息协同系统中建筑性能分析相关信息对设计方案进一步提出深化和修改意见，设计方根据业主反馈意见对 BIM 模型进一步深化和修改，并构建各专业 BIM 模型。其中，建筑、结构、机电专业模型应确保平面、立面、剖面视图表达的一致性以及专业设计的准确性、完整性；应将建立的 BIM 建筑模型、结构模型、机电模型进行整合检查，核对建筑、结构、机电模型中各构件在平面、立面、剖面位置是否一致，是否存在构件碰撞现象，还应将 BIM 各专业模型检查报告相关信息分别存储至各专业深化设计信息和各专业碰撞检查信息目录下，以方便业主与各设计专业人员查看。

（3）施工图设计阶段

在施工图设计阶段，业主方根据 BIM 各专业模型设计情况对项目的设计和参数作出最终审核，设计方根据业主意见对 BIM 设计模型作最终深化和修改。在此阶段，设计方需要对给排水、暖通、电气、设备机房等专业进行深化设计、多方案设计比较，并将各专业模型进行整合，形成 BIM 设计模型。之后，对 BIM 设计模型进行碰撞检查与综合优化，最终形成设备机房深化信息、综合支吊架设计信息、净高控制信息、维修空间检查信息、预留预埋洞口信息等，将这些信息存储至 BIM 信息协同系统相应文件目录下，方便业主、设计方、施工方等项目参与主体的下载和查看。

1.2.4.3 项目施工阶段

在项目施工阶段，BIM 施工模型可以模拟项目施工方案、展现项目施工进度、复核统计施工单位的工程量，并形成竣工模型交给业主辅助进行项目验收。同时，在施工阶段，由于项目参与方数量较多，随着工程建设的开展，将产生各类合同、物资设备采购及使用记录、施工变更记录、施工进度分析等一系列文件。因此，在使用 BIM 信息协同系统时，为了方便项目各个参与方随时调用权限范围内的项目相关信息，有效避免因项目信息数据过多而造成的信息数据获取不及时，应将 BIM 集成的项目信息按照施工方案模拟、施工工艺模拟、施工进度控制、施工成本控制、施工现场管理等信息进行分类存储与管理。

（1）施工方案模拟

在项目施工方案中，项目的投标方案、施工场地布置方案、现场运输方案、各专业分包协调方案等可应用 BIM 技术进行相关模拟。在施工方案模拟 BIM 应用中，根据

BIM 设计模型、施工图及施工方案文档文件等创建施工方案模型，并将投标方案、施工场地布置、现场运输、各专业分包协调等信息与模型关联，进行相关模拟，将模拟输出的指导模型、说明文档、视频等分别存储至 BIM 信息协同系统相应文件目录下，以方便项目各参与主体查看。

（2）施工工艺模拟

在项目施工过程中，大型设备及构件安装（吊装、滑移、提升等）、节点钢筋绑扎、模板工程等施工工艺可应用 BIM 技术进行相关模拟。在施工工艺模拟 BIM 应用中，根据施工图、施工工艺说明及施工操作经验等创建 BIM 施工工艺模型，并将复杂钢筋节点信息、模板、安装吊装过程等信息与模型关联，进行相关模拟，将模拟输出的指导模型、说明文档、视频等分别存储至 BIM 信息协同系统相应文件目录下，以方便项目各参与主体查看。

（3）施工进度控制

在项目施工过程中，施工进度计划的编制、分析、调整及现场施工动态记录等工作可应用 BIM 技术进行相关模拟。在施工进度管理 BIM 应用中，根据对实际现场进度的原始数据进行的收集、整理、统计创建 BIM 进度计划模型，将实际信息附加或关联到 BIM 进度计划模型中，进行相关模拟，将模拟输出的进度分析报告、进度调整报告、施工动态报告等分别存储至 BIM 信息协同系统相应文件目录下，以方便项目各参与主体查看。

（4）施工成本控制

在工程项目施工过程中，施工预算、施工结算、合同管理、设备采购等工作可应用 BIM 技术进行相关记录和分析。在施工成本管理 BIM 应用中，根据对 BIM 施工模型、实际成本数据的收集与整理，创建 BIM 成本管理模型，将实际发生的材料价格、施工变更、合同签订、设备采购等信息与 BIM 成本管理模型关联并进行模拟分析，将统计及分析出的构件工程量信息、动态成本信息、施工预算信息、施工结算信息等分别存储至 BIM 信息协同系统相应文件目录下，以方便项目各参与主体查看。

（5）施工现场管理

在工程项目施工过程中，施工现场安全管理、质量管理、物料管理、文档与资料管理等工作可应用 BIM 技术进行相关记录和分析。在施工现场管理 BIM 应用中，根据 BIM 施工模型、施工现场的实际情况，创建 BIM 现场管理模型，将实际发生的安全检查、质量检验、物料管理、文档资料等信息与 BIM 现场管理模型关联并进行模拟分析，将分析出的安全管理报告、质量管理报告、物料管理报告等分别存储至 BIM 信息协同系统相应文件目录下，以方便项目各参与主体查看。

1.2.4.4　项目运营阶段

在项目运营阶段，BIM 运营模型集成了项目建设期至运营维护期的所有相关项目信息，为项目的运营维护提供详细的前期数据。同时，BIM 模型也可以通过专业接口与设备进行连接，对设备的运行进行实时监控并作出科学的管理决策。在 BIM 信息协同系统中，运营商可以及时将建筑物的使用情况、设备维修情况、安全评估情况等信息上传，用户可以根据相关信息对运营情况进行评估并提供反馈意见。为方便业主对建筑相关运营情况的查看，可以将 BIM 集成的相关运营管理信息按照建筑设备、建筑空间、设施维护、安全评估等类别进行分类存储与管理。在项目运营管理过程中，运营商应将项目设备设施的相关资料，如设备供应商信息、日常巡检计划、维护措施等信息与BIM 竣工模型关联起来，形成 BIM 运营模型，将 BIM 运营模型作为建筑物日常运营管理的平台。通过将设备自控系统、消防系统、安防系统等智能化系统与 BIM 运营模型结合，对建筑空间及安全评估进行相关模拟分析，将分析得出的设施维护报告、安全评估报告、建筑空间报告等分别存储至 BIM 信息协同系统运营管理相应文件目录下，以方便项目各参与主体查看。

思 考 题

1. 什么是 BIM 技术？
2. 为什么要提倡应用 BIM 技术？
3. 如何做好 BIM 协同管理？
4. BIM 协同管理的参与方都可以有哪些？
5. 项目不同阶段协同管理的异同有哪些？

第2章
基于BIM技术的
建筑施工场地布置

本章要点

施工场地布置

基于 BIM 的施工场地布置应用

2.1 施工场地布置

2.1.1 施工场地布置概述

施工场地布置是项目施工的前提条件，它决定了施工现场人、物和场地的结合关系，施工场地布置得好坏直接影响项目现场施工管理的水平。好的施工场地布置方案下，项目施工能够顺利开展，按预期的成本预算、进度安排井然有序地进行，施工过程中不发生影响重大的安全事故，最终形成符合预期的产品。

2.1.1.1 施工场地布置定义

施工场地布置是指根据图纸、结合现场勘察情况，并考虑进度的总体安排，按照文明施工、安全生产的要求，对现场施工布置情况总体安排的过程。现场的平面布置要考虑施工区域的划分、施工通道的布置、现场临时水电的布置、现场生产设施、现场办公以及生活区等内容，以保证现场生产的需要以及满足施工进度为前提。

2015 年，住建部下发的《关于推进建筑信息模型应用的指导意见》，充分体现了国家层面对 BIM 技术的重视和支持。越来越多的施工企业也开始重视 BIM 技术的应用研究，通过在试点工程的应用探索，逐渐推进到所有在建工程。借助 BIM 技术对施工场地布置进行预演，可规避施工过程中可能出现的施工协调问题，达到按计划施工、安全文明施工的目的。

施工场地布置是施工组织设计的一个重要组成部分，每一个工程项目都是独一无二的，即使是两个造型一样的建筑，其所处的环境、开竣工时间及公司对项目组织管理等也会不同，设施布置要根据项目的具体情况研究解决期间的许多问题，如配套设备、交通路线、存储设施等以及其他施工设施等的平面和立面布置等。既使项目能够按期完成，又能尽可能地节省人力和物资，为合理施工创造条件，并且，最大限度地减小施工对当地的自然环境的破坏和对当地社会环境的负面影响。

合理的施工场地设施布置不仅能够保证生产流畅，还能提高效益。如果布置不合理，施工不顺畅，就会增加施工作业时间，造成过多的人力和物资的损失、不安全因素增加、劳动生产率的降低等弊端。对于工程量大、施工工艺复杂的施工项目而言，合理的施工场地设施布置可以减少机械设备在场地内的运输路程，从而降低运输成本，还有利于施工现场作业环境的保护，提高作业人员的舒适度，从而提高作业的积极性，加快施工进度。合理的施工场地设施布置应该是弹性的布置，能为项目随进度的发展而进行适当调整。

2.1.1.2 施工场地布置要点

施工场地的布置与优化是项目施工的基础和前提，合理有效的场地布置方案在提高办公效率、方便起居生活、提高场地利用率、减少临建使用数量、减少二次搬运、优化材料堆放和加工空间、方便交通运输、避免塔吊打架、加快施工进度、降低生产成本等方面有着重要的意义。传统施工场地布置往往都是现场技术负责人根据现场 CAD 平面图并结合施工经验，进行的大致布置。因为 CAD 图纸是二维平面图，没有具体的模型信息，项目技术负责人往往是凭经验和感觉进行场地的布置，因此很难及时发现场地布置中存在的问题，更没有能对场地布置方案进行合理优化的可靠依据。

(1) 垂直运输机械的合理选用、组合、定位

利用 BIM 提供丰富信息的特点，对建筑物的具体情况进行分析之后，可选择适当的垂直运输机械的组合。在施工过程中，需要进行垂直运输的主要有模板、钢筋、预制构件、墙体材料、装饰材料及施工人员等。在施工实践中，应用最多的垂直运输机械是塔式起重机，除此之外还有履带式起重机、井架式起重机等。为了满足垂直运输的需要，在施工现场可以选用塔式起重机、履带式起重机、井架式起重机、施工电梯等机械中的多种进行合理的组合。在组合的方案确定之后，可以确定塔式起重机的具体类型、型号。塔式起重机可以分为固定式、轨道式和内爬式。在 BIM 建模软件提供的族中，可以将所需的塔式起重机的具体参数体现出来。根据建筑物体形、空间尺寸确定所需的起重机数量、幅度和吊钩高度；根据构件或容器加运输物的重量确定塔式起重机的起重量和起重力矩，最终确定从族中选择的塔式起重机型号。在确定塔式起重机的位置时，要避免塔式起重机的基础对后期地下室施工造成影响，在布置多架塔式起重机时，应注意塔式起重机之间及与已存在建筑物之间的安全距离。外用的施工电梯根据驱动形式的不同可以分为齿轮齿条驱动和钢丝绳轮驱动两类。施工电梯在进行布置时，应该综合考虑建筑物的体形、面积、运输量以及施工电梯本身的载重量、提升高度、提升程度等因素再进行选用。可以多做一些选择，便于后期进行总体的施工场地布置方案及技术经济指标的计算和优化。

(2) 临时设施的布置

临时设施进行布置时，相同功能的临时设施一般需要临近布置，并且不同功能的临时设施之间需要保持适当的距离，办公类、生活类、施工作业类临时设施应该分开设置，避免相互之间的影响。因此，可以在进行全面的临时设施布置之前，根据场地条件进行大体的功能分区，然后在不同的功能分区中，进行相应临时设施的具体布置。施工作业区临时设施的布置处于优先地位。根据 BIM 提供的材料耗用信息、机械设备需用信息，进行加工场及材料存放的临时设施类型、位置的确定。确定类型之后，将相关参数输入，完成具体参数的确定即可将其三维模型置入施工场地中。在直观的三维视图下，可以根据相对的位置关系进行注意事项的设置。如大用量的材料存储类临时设施、加工类临时设施的设置应考虑到垂直运输机械的工作半径；办公区应当设置在建筑物坠落半径之外，进行明显的划分隔离；办公区在建筑物坠落半径之内时，必须采取可靠的安全防护措施，避免危及人员安全；生活区的临时设施应当与高危、污染的作业区保持足够的距离等。

(3) 运输道路的规划

在施工场地布置方案设计过程中，当垂直运输机械、部分加工场的位置确定之后，运输道路基本就确定下来。在 BIM 支持的建模环境中，可以在垂直运输机械、加工场、材料储存间的位置基本确定后，根据已有的道路和永久性道路的情况进行临时设施的微

调，便于更加科学合理地进行施工现场运输道路的规划。仓库、堆场的道路需要保持连通，便于装卸、运输构件、材料；尽量设置环形的道路，如果条件不允许就需要在路端设置倒车场地。

（4）临时水、电管网布置

在施工场地布置工作中，供水管网的管径大小、埋设方式都需要根据实际情况由工作人员决定，电网也需要综合考虑施工用电的总量，然后选定相应的变压器完成施工用电电网的设计。在 BIM 提供的绘制环境下，用电总量、用水总量可以通过自动统计功能得出，在临时设施布置位置确定的情况下，水、电管网的布置情况也基本确定下来，临时水、电管网的自动设计功能比较容易实现。因此，基于 BIM 的施工场地布置中可以将临时水、电管网的布置放在临时设施布置方案确定下来后，由软件智能布置功能绘制完成。

2.1.1.3 施工场地布置的依据与原则

（1）施工场地布置依据

① 依据招标单位发布的招标文件有关要求及遵循当地政府行政部门颁布的相关法律法规条文规定。

② 建设工程项目现场已放出的建筑红线，已布设好的施工用水源、电源等，以及勘察单位出具的现场勘察报告。

③ 建设工程项目现场总平面图、竖向布置图、工程结构图、建筑平面图、立面图和地下设施布置图。

④ 施工总进度计划安排表。

⑤ 建筑工程项目施工总体部署和主要建筑的施工方案。

⑥ 建筑工程场地原有的建筑物及拟建的建筑物位置和尺寸。

⑦ 建设单位所能提供的其他房屋和临时设施。

⑧ 安全文明施工、环境保护和消防要求。

（2）施工场地布置原则

① 建筑红线的范围。建筑控制线有严格限制和要求，施工平面布置是不允许超过的。建筑红线在城市建筑规划和城市管理领域是一道重要的界线，城市道路两侧如外墙、台阶等构筑物或其他建筑物邻近街道面的空间位置都是靠这道界线控制的，通常情况下，这道界线是不能超过的。

② 设施布置要满足现场施工要求，以便于组织流水施工，保证施工能顺利进行。

③ 平面设施要尽量布置合理并且紧凑，尽可能少占用建筑施工用地，为施工作业腾出足够的作业空间。一方面施工设施可以互不干扰、有条不紊地工作；另一方面施工作业人员能最大限度地安全施工。

④ 如果现场有建筑物或构筑物，尽量利用已有的建筑物或构筑物。这样不但可以对已有建筑再次利用，减少场地设施建设的费用，还可以缩短场地布置的时间。

⑤ 为了减少损失以及搬迁方便、提高安装速度，应尽可能使用装配式施工设施。

⑥ 工程设备的布置和相关成品材料的放置应尽量考虑邻近使用地点，在加工场所附近进行原材料的堆放和布置也是要考虑的因素，另外，还要对施工现场材料的运输进行合理的组织和调运，以确保现场运输道路顺畅。

⑦ 为了减少二次搬运及费用，施工用料尽量放在垂直运输机能够覆盖的范围内。

⑧ 施工现场的各项施工设施布置都应合理且要满足文明施工、安全生产、消防保卫、环境保护和劳动保护等的要求。

⑨ 现场施工用的中小型机械的位置布置应保证安全，避免被高空掉落的物体打击。

⑩ 施工场地平面布置要随着施工进度的不断发展进行相应调整，使其与各施工期间的施工重点要求相适应。

⑪ 在施工场地平面布置上，要尽量避免土建、安装以及其他各专业施工相互干扰；如干扰确实不可避免，现场要安排专人进行指挥，尽量把设施间的干扰降到最低。

⑫ 施工现场的竖向布置方面，也有很多原则需要遵守。

a. 要统筹和合理考虑场地平面布置和竖向布置的协调性和统一性，除了特别要注意生产工艺对高程的要求之外，还要满足场地功能划分、场内外运输道路等在平面和竖向上的功能要求。

b. 工程场区地质条件和地形地貌条件是布置场区的关键要素，如果要考虑排水因素，建（构）筑物和工程场区的纵向应按地形等高线进行布置，如果在平整地带，建（构）筑物和工程场区的纵向宜与地形等高线成稍小的角度。另外，要合理避让工程地质条件较差的区段，以减小处理地基等额外工作量产生的可能性。

c. 应协调处理好场外和场内排水问题，场内排水应综合考虑和参考场外排水位置、流向及相关条件。

⑬ 设施布置要按职业健康安全与环境保护管理制度的规定进行布置，符合施工现场卫生及安全技术要求和防火要求，保障现场人员的人身安全和财产安全。

⑭ 设施布置要充分考虑施工场地状况，结合建筑及道路情况进行布置，保证场内交通运输的畅通，有利于各种材料及设备的运输，充分利用场地。

⑮ 应根据拟采用的施工方案及施工顺序进行合理的设施布置，方便工程施工。

⑯ 设施用房的大小应结合原材料、钢筋加工等需要设置。

⑰ 作业队伍对宿舍、办公场所和材料储存、加工场地的需要在施工高峰期也应得到满足。

⑱ 各种施工机械布置要便于安装和拆卸。

2.1.1.4 施工场地布置的重要性

(1) 促进安全文明施工

随着我国施工水平的不断提高，对安全文明施工的要求也越来越高。考核建筑施工企业的质量、安全、工期、成本四大指标，也称施工企业的第一系统目标，落脚点都在施工现场。加强施工场地布置的管理，在施工现场改善施工作业人员工作条件，消除事故隐患，落实事故隐患整改措施，防止事故伤害的发生，这是极为重要的。施工项目部一般通过对现场的安全警示牌、围挡、材料堆放等建立统一标准，形成可进行推广的企业管理基准及规范，推动安全文明施工的建设。

在建筑施工中，保证建筑施工的安全是保护施工人员人身安全和财产安全的基础，也是保证建筑工程能够顺利完工的前提条件。建筑施工的安全问题已经成了当前社会的焦点话题，我国也出台了相应的管理条例，目的就是为了对我国建筑市场加强控制，保证建筑施工的质量和安全，所以在建筑施工的安全管理实际工作中，建筑施工企业和从业人员必须对此加以重视，实现企业经济效益的前提是保证工作人员的安全，继而才能提升施工企业的竞争力。

（2）保障施工计划的执行

对施工现场合理规划，是保障施工正常进行的需要。在施工过程中往往存在着材料乱堆乱放、机械设备安置位置妨碍施工的情况，为了进行下一步的施工必须将材料设备挪来挪去，影响施工的正常进行。施工场地布置要求在设计之初考虑施工过程中材料以及机械设备的使用情况，合理地进行材料的堆放。通过确定最优路径等方法，为施工提供便利。

（3）有效控制现场成本支出

在施工过程中由于场地狭小等原因，将成品和半成品通过小车或人力进行第二次或多次的转运会产生大量的二次搬运费用，增加了项目的成本支出。在施工场地布置的时候要结合施工进度，合理对材料进行堆放，减少因为二次搬运而产生的费用，降低施工成本。

2.1.2　施工场地布置内容

建筑工程施工场地布置的研究主要是为了解决施工场地的设施布置和施工现场管理的问题，通过可行、合理、最优的位置选择来满足工程施工和现场管理的要求。工程管网及线路位置的布置、临时交通设置的布置、工程设施与器具的布置等都是建筑工程项目进行总体平面布置和规划所要考虑的关键因素。工程承包单位在施工总平面设计规划之前就要进行场地功能的区划。根据场地功能划分情况进行各功能场地的设施布置。本节主要介绍的是施工作业场区的临时施工设施的布置。

2.1.2.1　施工场地布置范围

工程项目总平面规划在工程报建阶段就已经被规划部门审批确定下来了，围绕着工程项目建设过程所需的所有为工程建设服务的辅助设施布置可以认为是一种小区域规划问题。在限定的工程场区内规划和布置一些满足永久建筑物施工配套的附属和临时设施是工程场区设施布置的主要意图，通过布置这些附属和临时设施，可以方便员工的住宿和饮食以及机械的停放与使用，并且提供材料堆放和工程施工所需的场地。

在进行施工场地布置之前，通常会先进行施工场地的功能区域划分，功能区域划分的目的也是为了便于施工的顺利进行。在区域划分的基础上，依据方便施工、安全生产、消防保卫、整洁美观、环境保护的原则进行区域场地的设施布置，根据工程项目的具体位置和工程场区内部和外部环境，设计不同施工进度阶段时场区的区域划分方式。为了能保证工程主体的作业进度和强度要求，降低工程设施混合作业造成的影响和干扰，便于作业人员操作，达到安全施工、绿色施工、节约施工成本的目的，需要在不同作业功能区内有差异化地布置好水电，交通，材料加工区，临时住宿、办公与生活设施及其他配套工程设置以满足上述要求。

通常在大型的工程建设项目中，施工方可以通过对主体工程的具体情况进行分析，根据对主体工程的影响程度和依赖程度将工程场区划分为作业区、配套作业区和办公生活区。

① 作业区是场地布置的重点区域，是工程建设的主要场所，辅助作业区、材料堆放区和办公生活区的布置都要围绕施工作业区场地的布置进行展开。施工作业区一般都布置在总平面场地的中心位置，总承包单位按照工程位置、分包合同施工范围及工序要求划分各自的施工区域，在各自的施工区域内确定材料仓库、材料加工场地、机械施工场地等。

② 配套作业区是建筑施工作业的协助区域，通常有材料堆积区、废料堆放区和设备仓库。仓库要靠近作业区，这样可以减小材料的搬运距离，同时也不要离辅助生活区太远。废料堆放区的设计要考虑废料的处置方式和用途，最好要远离生活和工作区。

③ 施工现场办公生活区应该与作业区分开设置，它是施工管理人员的办公场所和工人的休息场所。考虑到办公生活区的安全，应当设置在建筑物坠落半径之外，并设置防护措施。办公生活区的设置还应考虑交通、水电、消防等因素。

2.1.2.2 施工场地布置方法

施工场地设施的布置随着作业进度的推进、作业条件的改变，工程设施的设计和布置也在不断地发生着变化。根据上节确定的施工场地范围，然后根据场地的区域划分应用系统分析方法进行分析，主要施工设施的种类见表2-1。

表 2-1　施工设施的分类

名称	内　　　容
施工区设施	大门、机械设备、加工棚
办公区设施	会议室、资料室、工程部、合同部、质检部、安全部
生活区设施	员工宿舍、食堂、厕浴室、娱乐室
辅助区设施	围墙、道路、现场供水排水设施

(1) 施工区设施的布置

① 施工场地入口的布置。第一，工程场地入口的布置应建立在对建设项目施工场地周围交通了解及人员流动量勘查的基础上进行，充分利用场地外部交通带来的便利、快捷，以便施工所需的设备材料能够快而方便地运抵场区，并且能尽量小地影响外部环境。

第二，工程场地入口的布置要适应工程总平面和场区交通设施布置的格局，合理划分施工作业区和生活办公区，并方便垂直运输设备吊装。

第三，施工入口处能展现施工单位的形象，不仅要展现施工单位好的形象，也要满足上级管理机构对入口处布置和规划的总体要求。规定施工场地入口处必须布置五牌一图：工程概况牌；环境保护制度牌；消防保卫制度牌；安全生产制度牌；文明施工制度牌；施工现场平面图。

② 塔吊的布置。塔吊又名塔式起重机，它是随着建筑施工的高度增加而一节一节增加的。塔吊是建筑工地吊运原材料（如钢筋、混凝土、钢管等）非常方便的起重设备，经常被使用。它已经成为工地上一种必不可少的设备。布置塔吊需要考虑众多因素，塔吊水平和竖直方向展开的面积和范围等要点需要根据建筑物整体的长度和宽度、场区的距离情况等来设计，然后才可以确定塔吊的类型、数量、种类及相应的设备参数。确定完塔吊的类型、数量、种类及相应的设备参数后，就可以进行塔吊位置的设计

和布置，一般情况下，尽可能布置在地下室以外便于安装的地方，如果地下室外不方便安装时，也要安装在对结构影响小的地方。为了保证材料的运送，塔吊的扩展和覆盖范围也应考虑。另外，还应该考虑施工设施的布置与塔吊扩展区域和叠合区域的关系。

此外，塔吊的布置还要考虑其安装和拆除会不会对正常作业造成影响以及臂位是否满足安拆要求。

③ 施工电梯的布置。电梯的安装位置不能对建筑结构主体和装饰工程作业产生较多的影响，还要方便作业人员和施工材料从转到长相应楼层；另外，电梯不能高于楼板构件处需要大量装饰的地方以及进深长和开间大处。

④ 钢筋加工棚的布置。钢筋加工房的数量，塔吊的伸展区域、叠合区域和工程场区环境，钢筋原料及半成品与加工区位置对作业人员操作的影响，钢筋原材料的进场、存放与运送等因素都是布置钢筋加工棚需要考虑的。

⑤ 混凝土输送泵的布置。混凝土浇筑的退行方向是运输泵位置布置应考虑的关键因素，另外，还要妥善考虑地下室施工阶段和塔楼施工阶段运输泵的合理位置以减少输送及接管的次数。通过施工段的划分、工期要求、操作工人情况等因素可以确定泵的数量。

（2）办公区设施的布置

① 建设项目现场办公室应布置在宽敞且显要的位置，并应靠近大门，同时，还应设置完善的卫生间、淋浴间。

② 项目会议室的布置特别重要，因为要考虑接待领导的监督检查及相关方参观、考察，要展现企业精神和文化氛围。

③ 办公区的整洁规范直接影响到企业的形象，在办公区应进行适当绿化，做好企业文化宣传栏、项目进展栏、管理人员责任栏等。

（3）生活区设施的布置

在布置生活区的场地时，应该考虑到员工的生活休息环境，远离生产区以及塔吊能够覆盖的范围。

① 员工宿舍的布置。在布置员工宿舍时，首先应估算出需要的员工宿舍的面积，可以参考劳动力曲线图计算出工作人员最高峰时的数量，再参考现场环境及场区范围来设计和确定宿舍房的数量，在设计员工宿舍场地时应该同时考虑员工食堂和淋浴间的场所布置。另外，消防因素也是必须考虑的，应有一定空间的消防走道及配套的消防池（水池、砂池）。

② 员工食堂、开水房、淋浴间及卫生间的布置。员工的生活情况对员工的工作有很大的影响，所以必须重视。在设置员工宿舍时一定要考虑食堂的位置，宿舍最好在下风处以减少火灾和油烟等对员工宿舍的危害，而且，在布置员工宿舍和食堂时还要考虑到他们的业余生活。为了方便消防管理，开水房的位置应紧靠员工食堂、伙房；开水房应紧靠淋浴间设置，方便员工洗澡时使用热水；卫生间可以设置在淋浴间排水坡的下方，这样可以节约给排水管道用量。

（4）局部及综合调整

工程场地的施工是不断变化和持续进行的，因此，场地的规划和设计也是一个变化的、动态发展的过程。在对某个环节进行规划时一定要考虑到前后的内容并作相应的调整，在所有规划布置及调整完成后再结合全局进行综合评估，最后由决策者审查后整体协调调整，直至做好工程作业区整体的设计与布置。

(5) 各施工阶段场地的规划布置

随着工程不断往前推进，对场地的要求也逐渐发生变化，所以，为了确保施工的顺利进行以及场地规划的整体效果，必须适时、有目的性、有针对性、有计划性地调整不同施工阶段场区内的设施。考虑这个方面的因素，可以将工程分为以下四个阶段：地下室、主体塔楼、装饰及室外施工阶段，并对这几个阶段分别进行总体规划与布置。

2.2 基于 BIM 的施工场地布置应用

现阶段国内使用的场地布置软件有很多款，Revit、鲁班、广联达等软件均可完成场地布置工作。

Revit 作为一款功能强大的 BIM 软件，提供了场地规划的功能。在 Revit 的体量和场地模块，提供一些场地的绘制和计算功能。在绘制方面，Revit 可以以 DWG、DXF 或 DGN 格式导入三维等高线，分析三维等高线数据并沿等高线放置一系列的高程点，随后自动生成地形表面。通过地形材质的设置，可以让地形的展示更加逼真。完成地形表面的绘制之后，可以通过编辑草图和编辑表格两种方式绘制建筑红线的位置，进一步确定项目的范围。软件还提供了拆分和合并表面的功能，能够更加详细地表达地形信息。在建筑红线的范围内，能够对项目的建筑区域、道路、停车场、绿化等做总体的设计，选取相应的构件完成场地的配景。在场地的计算功能方面，软件提供了统计建设用地的面积、项目场地平整土方量的计算等功能，并能够以 Excel 的形式完成数据的输出。建设用地的面积由建筑红线的位置计算而来，项目场地平整土方量的计算通过建筑用地地形的绘制和新的高程点的设置来实现。在充足的施工场地临时设施族库的支持下，Revit 也能够完成施工场地布置 BIM 模型的绘制。

广联达 BIM 施工场地布置软件是一款轻量级的专门用于施工场地布置的 BIM 软件。广联达的这款软件突出的核心价值可使绘制更快速、方案更合理、出图更美观。在该施工现场布置软件中，可以通过导入 CAD、GCL 等格式的文件，从而快捷地生成模型。在绘制过程中，可以从内嵌的 BIM 模型数据库中选择相应的图元构件，通过鼠标的拖曳完成临时设施的布置，并且 BIM 模型数据库中所有的构件均为矢量模型或者高清模型，能将施工场地布置图变得更加具有真实感、更加美观。构件置入施工场地后的合法性检查功能，也防止了临时设施之间位置的冲突。临时用水、用电管网的智能布置，更是大大节约了工作人员的工作量。施工场地布置 BIM 模型完成绘制之后，软件提供场地漫游功能，能让人更近距离地检查施工场地布置的细节。软件也提供了强大的自动生成工作量的功能，可以为结算提供依据，提高工作人员的工作效率。

鲁班场地布置软件简称场布软件，实现了构件参数化及逼真的贴图设置，可以建立逼真的三维施工总平面图模型。支持导入鲁班算量软件 LBIM 模型，进行各项措施方案的三维模拟、具体做法演示、施工排列图展示及措施工程量计算。通过引入时间轴，可实现动态模拟施工全过程。

下面以鲁班软件为例，介绍基于 BIM 的施工场地布置。

2.2.1 应用流程

2.2.1.1 施工场地布置 BIM 建模

一般情况下施工场地布置的步骤是按照其重要性顺序依次布置。首先确定塔式起重机的位置，然后完成料场、加工厂和搅拌站的布置，接着布置运输道路，最后布置行政管理和生活用临时房屋，在布置图基本完成的情况下，完成水电管网的布置。这样的布置方案设计流程能够极大地提高设计的成功率和科学性，在施工现场 BIM 建模中值得借鉴。

在 BIM 提供的三维可视化作图环境下，施工场地的布置显得更为直观简单。首先从地理信息系统（GIS）中导入需要的施工现场场地信息，将建筑物 BIM 模型置入场地中。根据建筑物整体的几何属性、施工方案、场地距离等来确定垂直运输机械的类型、数量、位置，同时还要注意尽可能布置在地下室以外便于安装的位置，保证其安装拆除不能对正常的作业产生影响。选择相应的垂直运输机械图元置入场地模型中，通过碰撞检测检查其对周围已有建筑是否产生影响、多个垂直运输机械之间的工作是否协调等问题。垂直运输机械的布置完成之后，可以进行料场、加工场、搅拌站的布置。结合 BIM 施工管理软件中的施工进度计划安排，可以较为清楚地计算出相应的资源需求计划，根据资源需求计划可以较为精确地计算存储空间的需求量、加工场的生产能力等，根据这些数据信息，结合垂直运输机械工作的范围、就近原则等进行料场、加工场、搅拌站的布置。直接在封闭式临时房屋、敞篷式临时房屋、半敞篷式临时房屋、堆场中进行选择，修改其名称信息、面积信息，将其置入施工场地三维模型中。

运输道路在垂直运输机械、料场、加工场、搅拌站布置完成后，结合场地外公路的位置，选定出入口，运输道路基本就显现出来了，在图元构件中设定宽度将其绘入指定的位置即可。道路布置完成后可以直接将进出大门、警卫传达亭绘制在设定的位置处。

行政管理及生活用房等临时房屋的布置遵循办公区靠近施工现场、生活区远离施工现场的原则，按照用工人数的需要选取相应的临时房屋构件图元绘制在符合要求的地区。最后可以将其他类的构件选择置入施工场地 BIM 模型中，完成模型的建立。临时水电管网可以利用相关软件的智能布置功能完成布置。

2.2.1.2 具体应用流程

在确定了施工方案之后，就对施工场地有了总体的布局构想。这个时候，可以利用 BIM 软件进行施工过程模拟，如图 2-1 所示。

2.2.2 应用点操作步骤

鲁班场布软件主要有两个应用方向：一个是场地布置；另一个是砌块排布。主要应用流程如图 2-2 所示。

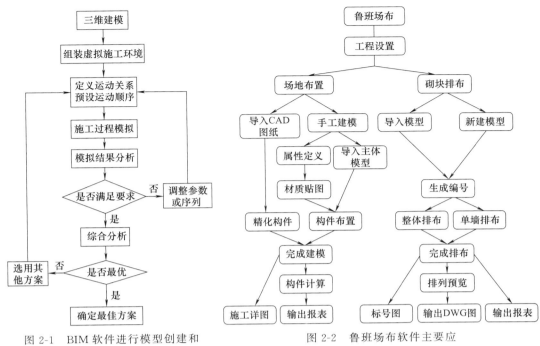

图 2-1　BIM 软件进行模型创建和
施工过程模拟流程图

图 2-2　鲁班场布软件主要应
用方向的应用流程

2.2.2.1　软件操作准备工作

打开软件，会出现如图 2-3 所示界面显示。界面的上方为菜单栏（见图 2-4），共有十个选项卡。想要布置施工场地内的施工机械等设施，可以选择"布置"选项卡，在其中选择想要绘制的构件。

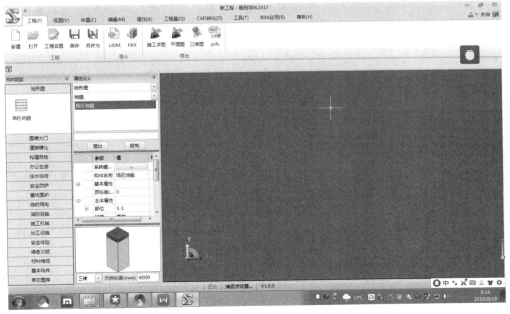

图 2-3　鲁班场布软件的操作界面

图 2-4　菜单栏

在进行操作之前，应该先将文件保存，以防丢失。保存按钮在软件左上方，单击"另存为"按钮会弹出"另存为"对话框，然后将文件保存。鲁班场布软件的后缀是 .lsg。如图 2-5、图 2-6 所示。

图 2-5　文件保存

图 2-6　"另存为"对话框

2.2.2.2　场地布置具体操作流程

① 根据图纸信息，先进行工程设置，可以设置三项内容，工程概况、企业徽标和砌块排布，如图 2-7 所示。

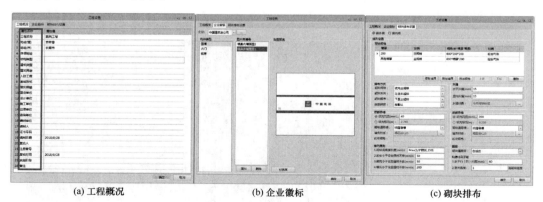

(a) 工程概况　　　　　　(b) 企业徽标　　　　　　(c) 砌块排布

图 2-7　工程设置

② 如果有绘制好的图纸可以直接导入，也可以根据实际情况新建。如果直接导入 CAD 图纸，弹出对话框，"插入点对齐"数据默认即可，无须修改。点击"确定"后提示导入完成。图纸导入页面如图 2-8 所示。

图 2-8　图纸导入页面

导入完毕后，图纸在绘图界面中显示，如图 2-9 所示。可以通过"视图"菜单中"构件显示"工具栏，选择是否显示 CAD 图纸。

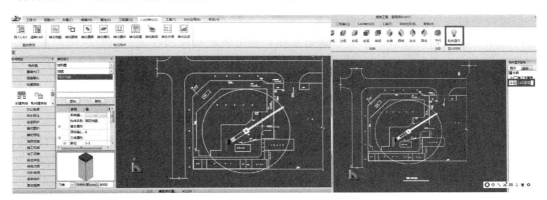

图 2-9　绘图界面显示图纸

③ 绘制场区地貌。因为软件设定为所有的构件必须设置在场区地貌上，所以，场区地貌的建立是第一步。在"地形图"选项卡下，点击属性栏，可以增加一个场区地貌。在弹出的"系统模板库"对话框中，选择工程地质的主体属性，可以通过单击右侧三个点的按键，在材质库中进行修改，然后点击"确认"即可，如图 2-10 所示。

点击左侧"场区地貌"按钮，可以拉框选择场区地貌范围，如图 2-11 所示。这里需要注意的是，框线尽量要比 CAD 图纸或者需要绘制场地的范围大一些。

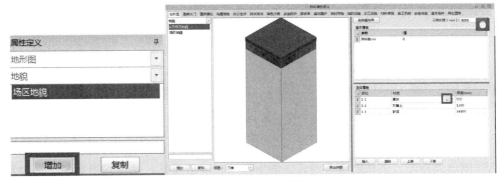

图 2-10　场区地貌的建立

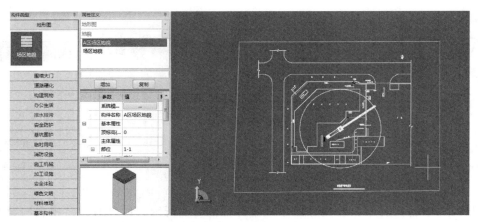

图 2-11　拉框选择场区地貌范围

可以通过点击工具栏中"视图→三维"来进行查看，如图 2-12 所示。三维功能在软件应用中可以让构件看起来更清楚更立体，也方便对构件属性进行调整。

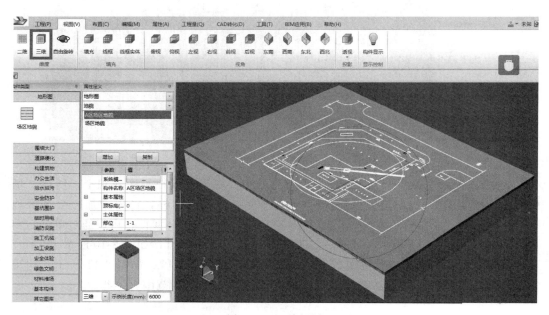

图 2-12　三维视图

④ 场区及场外道路的设置。首先在"道路硬化"选项卡中，增加场区道路，根据图纸设置工程道路宽度。确定道路主体信息后，点击"确定"，回到绘图界面。选择左上角绘图方法，在 CAD 图纸上绘制道路，道路绘制完毕后，单击右键确定，道路部分出现中心虚线，代表绘制完毕，如图 2-13、图 2-14 所示。也可以通过查看三维视图来确定道路是否绘制成功，如图 2-15 所示。如果道路有不规则形状，可以利用道路右侧的场地硬化功能进行操作。

⑤ 围墙的设置。选择围墙功能后，增加本工程围墙属性，并进行参数设置。如果企业有自己的标识，也可以通过设置构件右侧三个点新增素材，具体操作如图 2-16 所示。

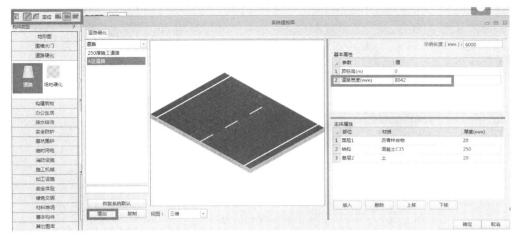

图 2-13　道路的设置

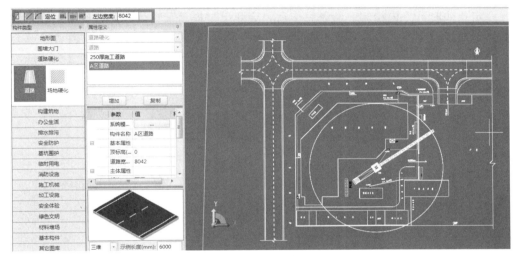

图 2-14　道路的绘制

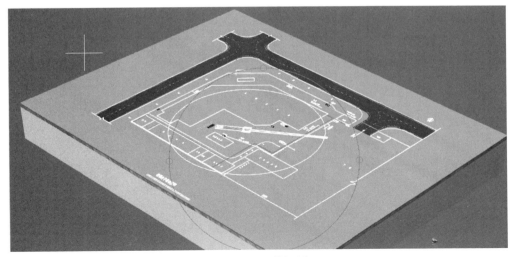

图 2-15　三维视图

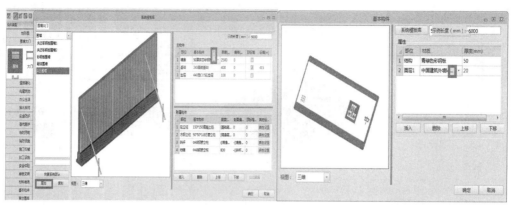

图 2-16　围墙的设置

围墙可以根据围墙形状选择左上角直线或者曲线形式绘制，沿着围墙线条绘制，注意，一定要顺时针方向绘制。绘制完毕后，会弹出"提示"对话框，可根据工程需要选择"是"或者"否"，通常，设置大门的围墙不需要闭合。绘制完毕后，围墙线条会变色，并且场地内有短柱支撑，可以通过三维形式进行查看。如图 2-17、图 2-18 所示。

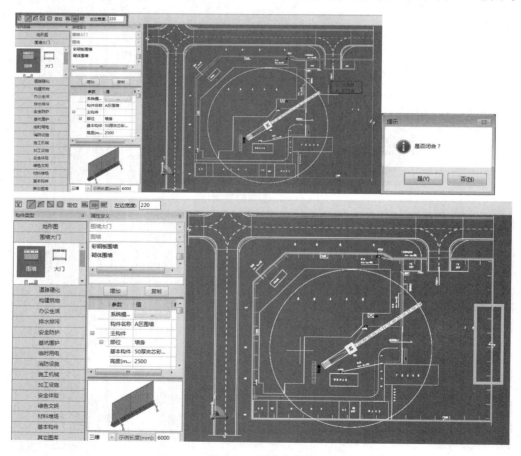

图 2-17　围墙的绘制

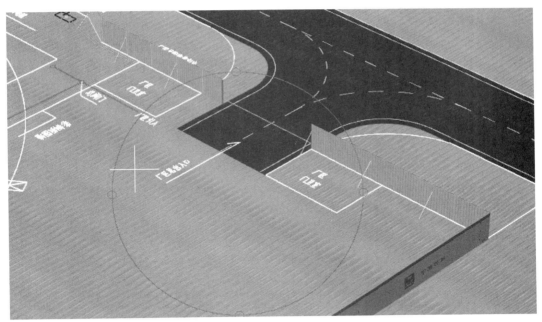

图 2-18　三维视图

　　⑥ 办公、生活活动板房的设置，如门卫室等。先增加门卫室构件，根据图纸需要设置开间和进深长度。回到绘图界面后，通过点击确定位置。这里需要注意的是，如果板房方向不对，可以通过"编辑"菜单下的"移动""旋转""镜像"功能，进行修正。如图 2-19、图 2-20 所示，此处以设置门卫室为例。除此之外，还可以用同样方法，设置办公室、食堂、厕所、浴室、宿舍等生活用房或办公用房。

　　⑦ 大门的设置。新增大门构件，设置基本属性，回到绘制界面，采用单击的方式布置到指定位置。大门的门楼、门楣标识也可以通过构件设置的三个点按键进行修改，如图 2-21、图 2-22 所示。

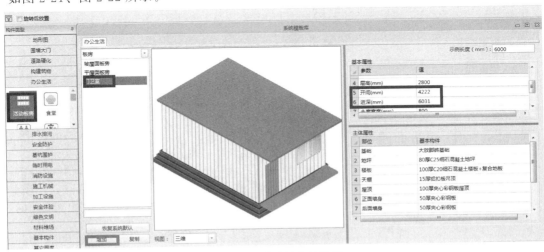

图 2-19　活动板房的设置

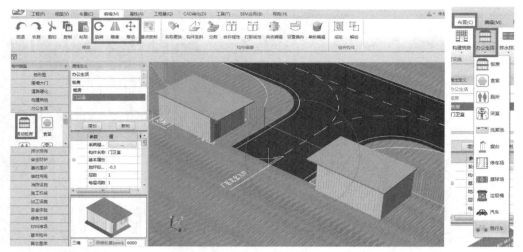

图 2-20　三维视图

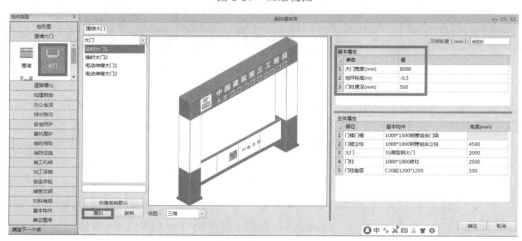

图 2-21　大门的设置

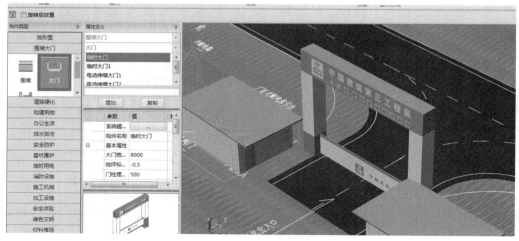

图 2-22　三维视图

⑧ 主体结构的导入。可以选择鲁班模型导入，后缀通常为.lbim，一般会事先在鲁班土建软件中进行建模。导入后会提示为楼栋号命名和选择插入点，通常默认即可。可以通过"移动""旋转""镜像"等功能，将建筑物模型移动到场地模型的规定位置上，如图2-23、图2-24所示。

图 2-23　建筑物模型导入

图 2-24　三维视图

⑨ 塔吊的设置。在施工机械里面选择合适的塔吊设备，修改塔高和吊臂长度，通过点击的方式，设置到场地中。可以通过三维显示，来判断需要多高的塔吊，使得经济效益最高，如图2-25、图2-26所示。

⑩ 钢筋加工棚及木材加工棚等一些加工设施的设置。选择"加工设施"选项卡，需要注意的是，钢筋加工棚和木工加工棚的大小不能通过数字设置，只能通过修改缩放比例来修改大小，如图2-27、图2-28所示。

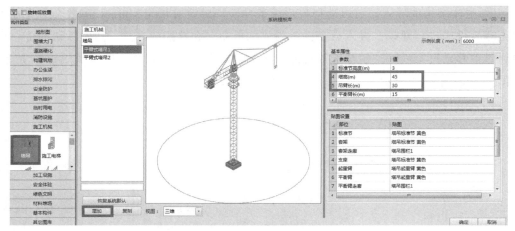

图 2-25　塔吊的设置

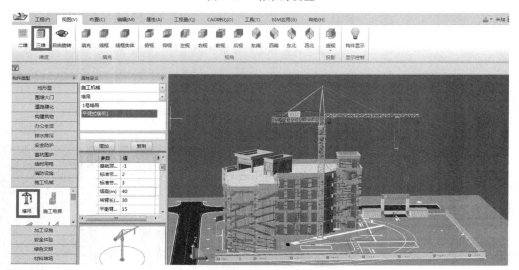

图 2-26　三维视图

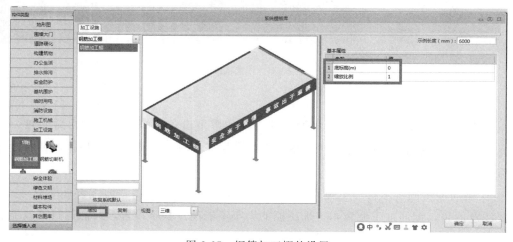

图 2-27　钢筋加工棚的设置

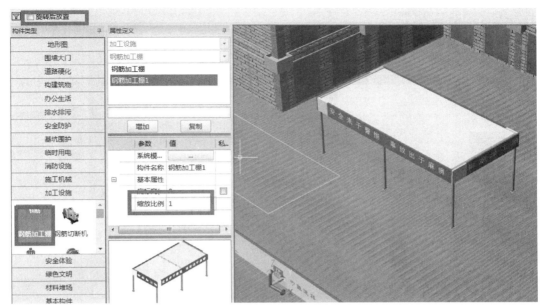

图 2-28　三维视图

⑪ 外脚手架的设置。在"安全防护"选项卡下，选择"外脚手架"，先在属性中增加构件，修改基本属性信息，如图 2-29 所示。回到绘图界面后，可以用直线或者曲线的形式绘制。需要注意的是，需要沿着外墙外边线顺时针进行绘制。绘制完毕后单击右键确定，脚手架三维视图如图 2-30 所示。

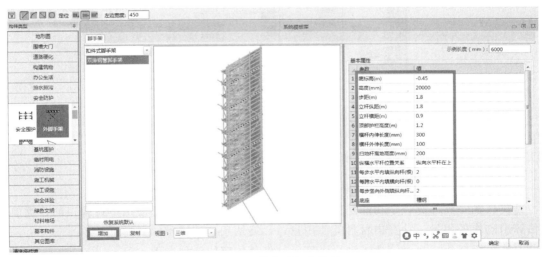

图 2-29　外脚手架的设置

⑫ 零星点式构件的布置。鲁班场布软件有很丰富的零星物品，例如消防栓、告示牌、配电箱，还包括一些绿化设施，可以根据工程要求，按需布置。这些构件布置的方式均为：新增构件→设置构件基本信息→在绘图页面上点击绘制→调整位置和尺寸，如图 2-31 所示。

图 2-30　三维视图

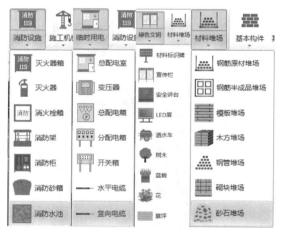

图 2-31　零星点式构件的布置

2.2.2.3　砌块排布具体操作流程

鲁班场布软件有一个功能是进行砌体结构的智能排砖，能够使用户在施工前，提前估算出砌块的用量，计算出材料的使用量，最终达到节约成本的目的。

这里以新建一面砌体墙来进行讲解，软件具体应用流程如下。

新建一个地块，在此地块上新建一面墙，如图 2-32 所示。

先点击"BIM 应用"菜单下"生成编号"按钮，智能生成编号。成功后会弹出"提示"对话框，如图 2-33 所示。

点击"砌块排布"按钮，选择需要排砖的墙体，右键确定，会弹出"砌块排列图"窗口，如图 2-34 所示。首先输入主规格的单个砌块尺寸，点击下方"生成排列图"按

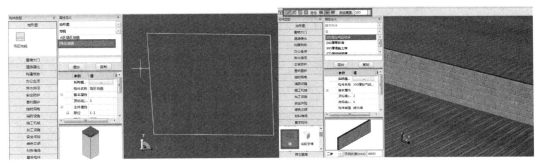

图 2-32　新建一面墙

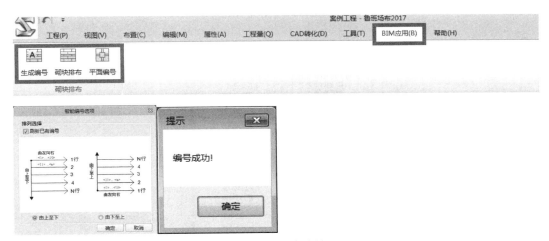

图 2-33　生成编号

钮，即自动排砖完毕。这时，会自动生成副规格尺寸，页面下方也会生成一个下料单，每种规格的砌块需要多少工程量一目了然。

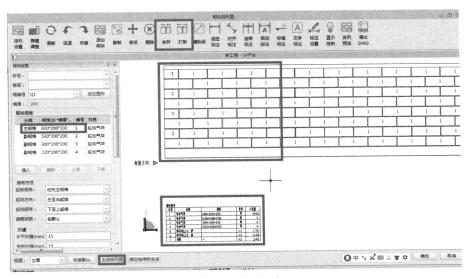

图 2-34　砌块排布

2.2.2.4 工程量计算

鲁班场布软件可以计算脚手架的工程量，可以以报表的形式体现。

点击"工程量"菜单下"计算"按钮，弹出"工程量计算"选择对话框，通常情况下，无须汇总计算建筑主体，因为主体可以在鲁班土建软件中汇总计算。计算结束后可以点击"报表"按钮，查看工程量，如图 2-35、图 2-36 所示。

图 2-35　工程量计算

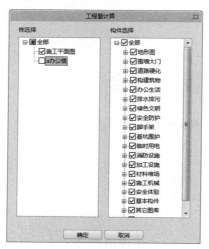

图 2-36　工程量计算选择对话框

思　考　题

1. 什么是施工场地布置？
2. 施工场地布置的重点在哪？
3. 为什么要提前用 BIM 技术做好场地布置？
4. 怎样利用 BIM 技术优化场地布置？
5. 简述如何利用 BIM 技术进行场地布置。

第3章
基于BIM技术的
图纸深化设计

本章要点

图纸深化设计

基于 BIM 的图纸深化设计应用

3.1 图纸深化设计

3.1.1 图纸深化设计概述

深化设计是指在业主或设计顾问提供的原有施工图（招标图）的基础上，结合建筑、结构、机电等专业设计资料，整合相关专业设计顾问的资料所进行的更深层次的施工图设计工作。深化设计后的图纸应满足业主或设计顾问的技术要求，符合相关地域的设计规范和施工规范，并通过审查，图形合一，能直接指导现场施工。

建筑装饰深化设计根据不同设计深度可分为三个层面：

① 在方案设计单位完成方案设计的情况下，由施工单位完成施工图设计；

② 已有施工图但不完备，如节点大样只给出所用材料而未给出具体做法等，由施工单位完成补充设计；

③ 设计图纸已达施工图要求，但具体实施过程中仍需继续细化施工，主要体现在精装修施工方面，如建筑装饰材料排版方案、家具工艺设计、水电空调等安装专业末端定位设计等。

3.1.1.1 深化设计的重点及难点

如何确保在建筑空间的各项功能和装饰效果满足业主要求的前提条件下，实现项目工程建设可控，按期、保质完成是深化设计的首要难点。深化设计是工程实施的第一步工作，如何在最短的时间内使图纸达到最高的完善度及最大的可实施性，并根据项目施工的组织安排有针对性、有重点地为施工做好技术性支持，保证项目运转的顺畅，将是深化设计工作的重中之重。

如何通过深化设计保证项目在专业需求与装饰效果上的双赢，在建筑材料及建筑构造上配合专业性的要求，是深化设计的难点。

室内装饰工程作为整个项目的中后期建设环节，与土建、钢结构、幕墙、给排水、建筑电气、空调、智能化、舞台灯光、声学等几乎所有专业紧密交叉。通过深化设计，能有效避免各专业之间的相互冲突，在保证技术性要求的前提下从装饰效果出发统筹各专业的末端定位、形式及界面要求，最终使各专业分包有机、整体性地融合于装饰界面。

3.1.1.2 深化设计的原则

首先要了解深化设计在施工过程中所发挥的作用。深化设计在整个建筑工程中起到了承上启下的作用。深化设计是对主体设计施工图纸的进一步深化，是对项目实施过程中问题的前瞻式解决，可确保项目的可实施性以及保证实施过程的进度。对建筑工程施工图继续深化，对建筑工程的具体构造方式、工艺做法和最终施工安排进行优化、调整，可最终使施工图设计具有完全的可实施性，做到对建筑工程的精确施工；同时，对招标用施工图中未能详尽表达的有关工艺性节点、剖面的优化和补充，可对工程量清单中未能详尽包括的工作内容进行弥补，从而准确报价；也可通过对施工图纸进行补充、完善、优化，进一步明确与土建、幕墙等专业的技术界面和施工界面，并为机电安装、智能化系统工程与装饰工程的施工创造条件，明确彼此需配合、需交叉施工的内容。

建筑工程的深化设计应立足于作为主体设计与施工方之间的介质，并协调配合其他相关专业分包，保证本专业施工的可实施性及设计效果的最终贯彻。根据一般招标文件中关于深化设计总则的阐述："即使中标人进行了深化设计，但其深化设计成果必须经主体设计单位审核认可、招标人批准后，方可作为本工程施工图的一部分。"深化设计将立足于发现问题，反映问题，并提出建设性的解决问题的建议。通过对施工图的继续深化，有助于发现主体设计中存在的问题或尚待优化补充的工作内容，发现各专业分包间的结合交叉问题；同时，与施工方的紧密结合，协助其透彻理解设计的意图，并把可实施性方面的问题及与其他相关专业分包交叉施工中的问题及时向设计方反映；在发现问题及反映问题的过程中，深化设计并提出建设性的解决问题的建议，提交主设计方参考，协助主设计方高速有效地解决问题，推进项目的进度。

经主设计方及咨询设计方确认后的深化设计图纸是施工方实施项目的唯一依据。因此，深化设计应是对项目设计的全面完整的表达，并随着项目施工进度的推进不断细化完善，不断把施工当中的问题、现场实际尺寸与设计变更反映于图纸上。最终，深化设计图纸的准确度及完善度应该与最后的工程竣工图一致。

3.1.2 建设各方主体职责与组织协调

3.1.2.1 设计方的组成
（1）主设计方

主设计方即业主通过方案招标选定的设计方。主设计方不仅提供工程主体的建筑、结构、机电设计等，同时还要提供设计整合、协调、施工配合等相关的服务。

（2）深化设计方（二次设计）

某些特殊工程，如钢结构、幕墙、弱电、改造工程等，通用的设计规则通常不能表达出施工的深度，需要对施工图进行深化设计，以满足施工安装、材料准备、预算等的需要。深化设计方一般由施工承包商或系统集成商构成。深化设计是在主设计方提供的施工图的基础上进行，其深化设计须报主设计方审核批准，才可以交付施工。

（3）专业的设计顾问

在大型的工程项目中，还存在大量的专业设计顾问，如标识、景观、装修设计顾问等，以提供专业的设计咨询服务。

在设计流程的不同阶段中，设计方一般需要完成或者配合完成主要工作。为了简单起见，设计方只考虑主设计方和深化设计方。当然，每个工程的具体情况不同，流程内容也会略有差别。从纵向来看，设计服务不仅仅是设计阶段的，还包括施工及竣工阶段的服务。从横向来看，各设计方在工程的总体流程中需要多处相互协调配合，其中，在设计阶段（方案、初步、施工），主设计方处于主体的协调地位。设计方和业主是一种工作隶属关系，参与设计的各方一般都是由业主分别委托的。在设计关系的协调过程中，主设计方处于中心地位。主设计方还要对自身的多项专业设计进行协调。因此，主设计方的项目管理工作，特别是协调管理工作，是关系到项目成败的一个非常重要的因素。

3.1.2.2 各专业设计方深化设计职责

设计深度是保证设计工作质量最重要的方面之一。国家规定——《建筑工程设计文件编制深度规定》（2016 年版）只是一个通用的规定，每个项目应根据项目的实际情况，对设计深度的要求进行明确和细化。

需要注意的是：必须要重视初步设计的深度。初步设计重点在于解决重大的技术方案问题，应复核确定各专业的基础设计参数，为后续的施工图设计打下坚实基础。

幕墙和弱电工程等需要二次设计的专业内容，对于主设计方施工图应达到的设计深度，应结合设计深度的规定和工程实际的情况，提出具体的要求。原则上施工图深度应满足编制招标文件、有效控制造价、审核承包商深化设计文件的要求，并满足结构施工预留、预埋的要求。以上是原则要求，每个项目应根据工程的具体情况加以明确。在一些工程主楼的幕墙设计中，主设计方对最初的招标图设计，主要是关于幕墙设计理念的阐述、材料的要求和外观效果的表达。后期在业主和业主聘请的专家的要求下，很可能需要补充不少技术设计的内容，特别是节点设计。在这种情况下，业主方（设计管控人员）及主设计方需要发挥积极的作用。

对结构专业而言，初步设计阶段着重解决结构选型的问题。除了建筑方案，结构工程师要综合考虑安全、造价、施工可行性、材料等因素。只有结构选型的工作做得比较深入而全面，后续的结构设计工作才能够在一个稳固、合理的基础上快速前进，这就要求结构设计师提出多种结构选型的方案，必要时可邀请行业内的专家帮助优化。最终设计方应提供结构选型的报告，对各个结构方案的平立面布置、受力合理性、施工可建性和造价等有比较详细的分析，并在此基础上，确定最优化的结构体系。

对机电专业来说，初步设计阶段则着重解决系统设计和主要设备选型、机电主干管线的布置和综合、管道井的布置等问题。

3.1.2.3 建设各方、设计方以及各种专业之间的组织协调

① 在项目设计开始之前，业主方（设计管控人员）就应该和主设计方一起，明确各设计方之间的设计接口和工作范围，并体现到各合同技术文件中。譬如，主设计方和工艺设计方之间，各个专业都存在设计接口的问题。对建筑装修专业来说，主设计方一般完成室内的粗装修设计（垫层及找平层），工艺设计方或精装设计方来完成后续的精装设计；对结构专业来说，主设计方一般完成主体结构设计和预留、预埋设计，后续的二次结构都由其他设计方来完成，等等。

② 业主方（设计管控人员）和主设计方，在设计工作开始之前，要制订出缜密的设计工作总体计划。设计工作的计划应纳入工程项目的总体计划中考虑，满足工程招标和施工进度的要求，同时要考虑到各设计方的具体能力。

③ 要建立清晰的工作流程和沟通机制。工作流程包括：

a. 建立主设计方与其他各设计方之间的设计前提条件及深化设计审批的流程；

b. 建立设计变更和工程洽商的处理流程；

c. 建立主设计方内部各专业之间的图纸会签流程。

④ 要明确主设计方作为协调的枢纽和所处的核心地位，其他设计方之间的设计问题也应通过主设计方来加以协调，虽然其他设计方之间可以随时进行技术沟通，但最终的沟通结果仍然要经过主设计方的审核。

⑤ 在工程设计开始之前，业主和主设计方就应该根据工程特点和积累的经验，预判协调的难点，据此明确协调工作的重点，并做好准备措施。一般的经验如下。

a. 设计工作是由众多的设计方共同完成的，一旦某一方不能及时招标到位，必然会对设计总体进度造成影响，这个问题常常出在业主身上，这就要求业主和主设计方共同制订严密的招标计划，并严格执行。

b. 最容易出问题的地方是管线综合，它需要建筑、结构、机电各专业共同来参加。管线综合不到位导致的问题是：室内净空高度达不到设计要求；各机电专业之间的管线相互冲突，导致难以安装；管线安装后难以检修；楼梯间净空不足等。管线综合需要各专业之间加强沟通，做大量细致而深入的协调工作，业主和主设计方要花大力气来协调解决。

设计工作是一个复杂的系统工程，且每个工程的具体情况千差万别。业主方只有掌握好设计管控方面的工作要点，才能解决一些设计与施工的重点、难点问题，才能提前采取可靠措施，使设计工作顺利进行，最后达到业主方所期望的效果。

3.2　基于BIM的图纸深化设计应用

在建筑施工过程中可以借助BIM技术进行现浇混凝土结构深化设计、装配式混凝土结构深化设计、钢结构深化设计、机电深化设计。在进行深化设计时选用的BIM软件应具备空间协调、工程量统计、深化设计图和报表生成等功能。同时，深化设计图也应包含二维图和更为形象具体的三维模型视图。

3.2.1　现浇混凝土结构深化设计

现浇混凝土结构深化设计中能够借助BIM的地方主要有二次结构设计、预留孔洞设计、节点设计、预埋件设计等（图3-1）。在现浇混凝土结构深化设计BIM应用中，可基于施工图设计模型或施工图创建深化设计模型，输出深化设计图、工程量清单等。

现浇混凝土结构深化设计模型除了应包括施工图设计模型元素外，还应包括二次结构、预埋件和预留孔洞、节点等类型的模型元素，其内容如表3-1所示。

现浇混凝土结构深化设计BIM应用交付成果应包括深化设计模型、深化设计图、碰撞检查分析报告、工程量清单等。其中，碰撞检查分析报告应包括碰撞点的位置、类型、修改建议等内容。

现浇混凝土结构深化设计BIM软件主要具有下列专业功能：二次结构设计、预留孔洞、节点设计、预埋件设计、模型的碰撞检查、砌块自动排布、深化设计图生成。

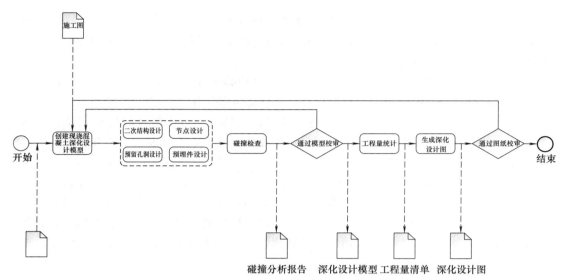

图 3-1　现浇混凝土结构深化设计 BIM 应用典型流程

表 3-1　现浇混凝土结构深化设计模型元素及信息

模型元素类型	模型元素及信息
上游模型	施工图设计模型元素及信息
二次结构	构造柱、过梁、止水反梁、女儿墙、压顶、填充墙、隔墙等。非几何信息包括：类型、材料信息等
预埋件和预留孔洞	预埋件、预埋管、预埋螺栓等，以及预留孔洞。几何信息包括：位置和几何尺寸。非几何信息应包括：类型、材料等信息
节点	节点的钢筋、混凝土，以及型钢、预埋件等。节点的几何信息包括：位置、几何尺寸及排布。非几何信息包括：节点编号、节点区材料信息、钢筋信息（等级、规格等）、型钢信息、节点区预埋信息等

　　根据建筑结构施工图，使用 Revit 建模软件创建现浇混凝土深化设计模型。模型整合（图 3-2）的目的就是将不同专业所建立的模型融合到一起，以满足深化设计的需求。

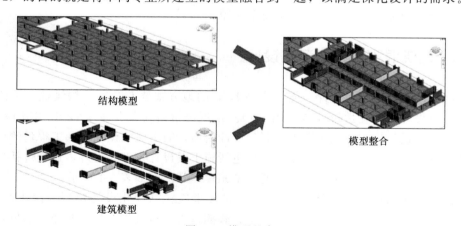

结构模型

建筑模型

模型整合

图 3-2　模型整合

（1）二次结构设计

二次结构设计（图 3-3）要考虑到后期建筑使用功能的需求，在完成结构模型的基础上深化设计建筑模型，包括非承载建筑墙、门垛、管道井等。

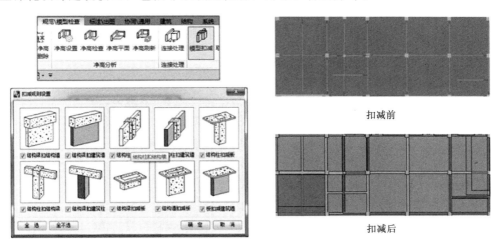

图 3-3　二次结构设计

应用插件设置模型扣减规则，可深化结构与结构、结构与建筑、建筑与建筑之间的碰撞、重复以及位置偏差等方面的设计问题。

（2）预留孔洞设计

模型在建立之初对预留孔洞的位置考虑得并不是十分准确。在完成模型整合、管线综合之后需要对结构模型进行开洞处理。例如穿墙管线位置要预留孔洞设置套管，以满足后期管线安装的需求。使用 BIM 软件进行预留孔洞设计（图 3-4）要注意预留孔洞的位置标注、套管类型及尺寸等问题。

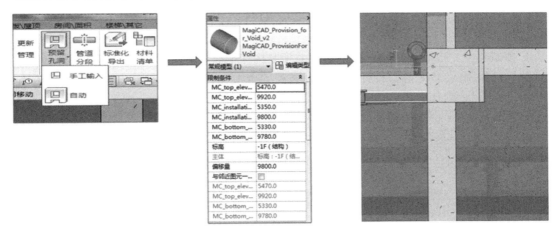

图 3-4　预留孔洞设计

预留孔洞的设置可以依据图纸放置套管位置、手工输入来修改属性，也可后期做完机电设计后自动开洞。预留孔洞设置完毕之后一定要进行穿墙管与实体结构的碰撞检测，确保设置位置与预留孔洞之间没有尺寸、位置偏差。

（3）输出工程量

使用 BIM 软件进行深化设计之后可以进行工程量的导出（图 3-5）。深化设计后的模型工程量数据较为准确，可以作为实物工程量数据满足业主招标要求。工程量的准确与否与设计过程中的模型交错情况有很大关系，所以在深化设计时，需要考虑清单工程量计算规则、模型的扣减关系是否准确，确保统计数据的准确性。同时，应用 BIM 软件输出按流水段、按构件类型、按时间划分的工程量清单。

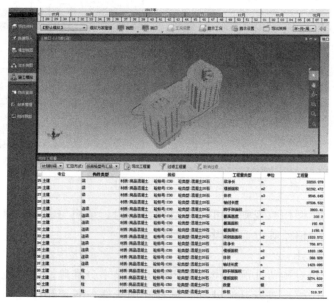

图 3-5　工程量导出

3.2.2　预制装配式混凝土结构深化设计

预制装配式混凝土结构深化设计中的预制构件平面布置、拆分、设计，以及节点设计等宜应用 BIM 技术参与设计。在预制装配式混凝土结构深化设计（流程如图 3-6 所

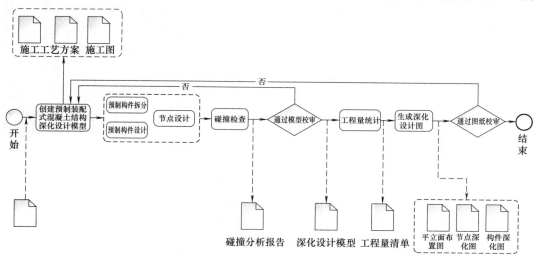

图 3-6　预制装配式混凝土结构深化设计 BIM 应用典型流程

示）BIM应用中，可基于施工图设计模型或施工图，以及预制方案、施工工艺方案等工程文件创建深化设计模型，输出平立面布置图、构件深化设计图、节点深化设计图、工程量清单等。

预制构件拆分时，应依据施工吊装工况、吊装设备、运输设备和道路条件、预制厂家生产条件以及标准模数等因素确定其位置和尺寸等信息；宜应用深化设计模型进行安装节点、专业管线与预留预埋、施工工艺等的碰撞检查以及安装可行性验证。

预制装配式混凝土结构深化设计模型除施工图设计模型元素外，还应包括预埋件和预留孔洞、节点连接和临时安装设施等类型的模型元素，其内容如表3-2所示。

表 3-2 预制装配式混凝土结构深化设计模型元素及信息

模型元素类型	模型元素及信息
上游模型	施工图设计模型元素及信息
预埋件和预留孔洞	预埋件、预埋管、预埋螺栓等，以及预留孔洞。几何信息包括：位置和几何尺寸。非几何信息应包括：类型、材料等信息
节点连接	节点连接的材料、连接方式、施工工艺等。几何信息包括：位置、几何尺寸及排布。非几何信息包括：节点编号、节点区材料信息、钢筋信息（等级规格等）、型钢信息、节点区预埋信息等
临时安装设施	预制混凝土构件安装设备及相关辅助设施。非几何信息包括：设备设施的性能参数等信息

预制装配式混凝土结构深化设计BIM应用交付成果应包括深化设计模型、碰撞检查分析报告、设计说明、平立面布置图，以及节点、预制构件深化设计图和计算书、工程量清单等。装配式建筑参数化构件如图3-7所示。

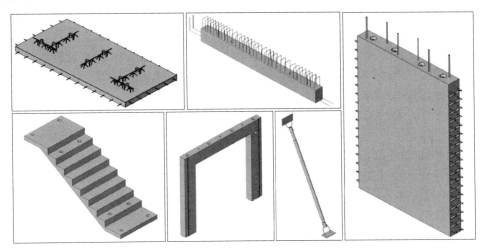

图 3-7 装配式建筑参数化构件

预制装配式混凝土结构深化设计BIM软件应具有下列专业功能：预制构件拆分、预制构件设计计算、节点设计计算、预留孔洞、预埋件设计、模型的碰撞检查、深化设计图生成。

装配式结构节点设计如图3-8所示。

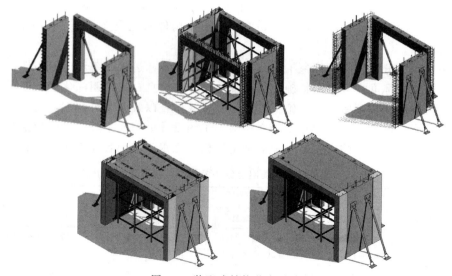

图 3-8　装配式结构节点设计

3.2.3　钢结构深化设计

钢结构深化设计中的节点设计、预留孔洞、预埋件设计、专业协调等宜应用 BIM 技术参与设计过程。在钢结构深化设计 BIM 应用中，可基于施工图设计模型或施工图和相关设计文件、施工工艺文件创建钢结构深化设计模型，输出平立面布置图、节点深化设计图、工程量清单等。钢结构深化设计 BIM 应用典型流程如图 3-9 所示。

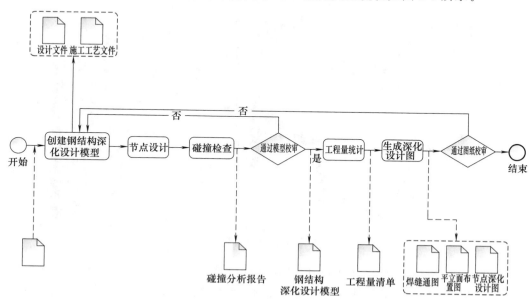

图 3-9　钢结构深化设计 BIM 应用典型流程

钢结构节点设计 BIM 应用应完成结构施工图中所有钢结构节点的深化设计图、焊缝和螺栓等连接验算，以及与其他专业协调等内容。钢结构深化设计模型除应包括施工图设计模型元素外，还应包括节点、预埋件和预留孔洞等模型元素，其内容见表3-3。

表 3-3　钢结构深化设计模型元素及信息

模型元素类型	模型元素及信息
上游模型	钢结构施工图设计模型元素及信息
节点	几何信息包括： ①钢结构连接节点位置，连接板及加劲板的位置和尺寸； ②现场分段连接节点位置，连接板及加劲板的位置和尺寸； ③螺旋和焊缝位置。 非几何信息包括： ①钢结构及零件的材料属性； ②钢结构表面处理方法； ③钢结构的编号信息； ④螺栓规格
预埋件和预留孔洞	几何信息包括：位置和尺寸

钢结构深化设计 BIM 应用交付成果应包括钢结构深化设计模型、平立面布置图、节点深化设计图、计算书及专业协调分析报告等。

钢结构深化设计 BIM 软件应具有下列专业功能：钢结构节点设计计算、钢结构零部件设计、预留孔洞、预埋件设计、深化设计图生成。

（1）熟悉设计图纸及设计交底工作

建模的设计人员在接受建模任务时，需保证以下设计资料齐全：原设计图纸或其他与原设计图纸性质等同的文件，以及建筑设计图纸、项目负责人的项目交底文件、编号系统文件、工期进度表、文件控制规定。建模的设计人员要熟悉结构和建筑图纸，掌握设计图纸的内容，对于设计图纸上有疑问、矛盾之处，在设计交底会议上及时与设计人员沟通，或通过发送邮件等方式及时与设计单位联系进行修正。

（2）使用 BIM 软件建模

建模的设计人员应按照工期计划，合理划分建模区域及安排进度。起始建模时，首先要输入工程的相关信息，将各种类型构件设置不同状态、颜色等级，方便构件过滤，并仔细审阅设计图纸，按图纸要求使用 Tekla Structures 在模型中建立统一的轴网，所有结构布置图、构件图、节点详图都要在统一的轴网中进行建模。然后根据构件规格在软件中建立规格库，并定义构件前缀号，以便软件在对构件进行自动编号时能合理地区分各种构件，方便工厂加工和现场安装，更省时省工。Tekla Structures 模型满足了设计、制造、安装的大部分需求，其中对精度要求更高的需要结合三维机械设计软件 Solid Works 进行建模。但是由于 Solid Works 精度极高，导致生成模型文件非常大，因此对硬件要求极高。所以要 Tekla Structures 结合 Solid Works 使用完成整体钢结构深化设计工作，再将两款软件得到的所有图纸与报告完全整合在模型中产生一致的输出文件。与以前的设计系统相比，Tekla Structures 可以获得更高的效率与更好的结果，Solid Works 可以获得更高精度、低误差的异形构件，满足设计者在更短的时间内作出更正确设计的要求。再根据施工图、构件运输条件、现场安装条件及工艺等方面情况对各构件进行合理分段、对节点进行人工装配。建模过程中，若发现构件及节点有疑问之处，要及时与设计单位取得联系之后进行协商解决或修正。建模过程中的每个阶段后期，都要进行碰撞检查校核，并要生成材料表比对材质规格等信息是否正确。最后要再次检查对模型进行的分区编号，每种构件的编号都要有条不紊地设定及注意各需预留一些编号范围，以备后续添加同种的新构件。Solid Works 软件可以另外生成 SOD 模型，它可以根据构件之前设置的参数属性来过滤构件，以达到更好的校核效果。在建模的不同阶段还可以对构件设定不同的状态码及选定匹配的颜色，以便通过中心文件来直观地检查进度。

如果是单机建模，要及时了解分区之间搭接之处的对方信息以及时更新补充模型，防止造成不必要的节点设计重复或错误。如果是多人联机建模，每个分区的模型要及时更新录入，每个分区的节点保存命名要有所区别，以防节点被不同区的不同节点替代。每个分区单机模型及总模型要及时备份，以防模型节点出错或模型无法运行时可以替代使用，以减少工程设计进度损失。

（3）模型审核

模型审核是控制钢结构深化设计质量的有效措施，包括自审和专审。首先由建模的设计人员进行自审，然后由审核工程师进行专审。当模型建完时，需要保证原设计图的所有信息没有遗漏。自审模型，可以通过材料清单检查材质等级及构件编号，通过螺栓清单复核螺栓等级及长度等。专审模型，需对模型的构件定位及编号、截面型式、节点等进行全面系统的审核。最后由审核工程师根据审核情况书面提出审核修改意见，建模的设计人员针对审核工程师提出的问题逐一作出修改，从而完善模型。

（4）出图

在确保模型完整、正确的基础上，设置好图框及材料表样式，准备出图。首先绘制安装布置图，一般包括基础螺栓布置图、平面布置图、立面图、剖面图。平面布置图体现了各个构件之间的平面位置，立面图、剖面图反映了各构件之间相互位置关系，安装布置图上的节点详图体现了施工现场的构件连接方式。绘制安装布置图就是再一次对原设计图中的构件定位等进行核对，是确保图纸准确的有效措施之一。然后绘制构件图，体现各零件之间的位置关系及连接方式。最后是绘制零件图，体现零件的具体形状、尺寸大小等信息。当所有图纸完成后，提供构件表和目录等清单。

3.2.4 机电深化设计

机电深化设计中的设备选型、设备布置及管理、专业协调、管线综合、净空控制、参数复核、支吊架设计及荷载验算、机电末端和预留预埋定位等宜应用 BIM。

在机电深化设计 BIM（流程如图 3-10 所示）应用中，可基于施工图设计模型或建筑、结构、机电和装饰专业设计文件创建机电深化设计模型，完成相关专业管线综合，校核系统合理性，输出机电管线综合图、机电专业施工深化设计图、相关专业配合（土建）条件图和工程量清单等。

深化设计过程中，应在模型中补充或完善设计阶段未确定的设备、附件、末端等模型元素。管线综合布置完成后应复核系统参数，包括水泵扬程及流量、风机风压及风量、冷热负荷、电气负荷、灯光照度、管线截面尺寸、支架受力等。机电深化设计模型

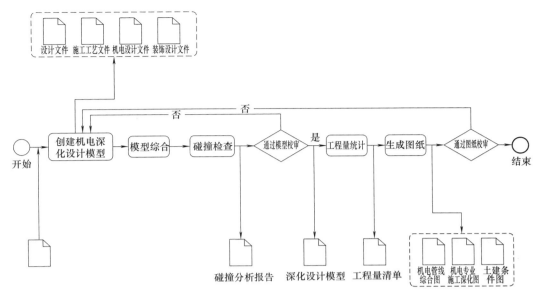

图 3-10　机电深化设计 BIM 应用典型流程

元素宜在施工图设计模型元素基础上，确定具体尺寸、标高、定位和形状，并应补充必要的专业信息和产品信息，其内容见表 3-4。

表 3-4　机电深化设计模型元素及信息

专业	模型元素	模型元素信息
给水排水	给水排水及消防管道、管件、阀门、仪表、管道末端（喷淋头等）、卫浴器具、消防器具、机械设备（水箱、水泵、换热器等）、管道设备支吊架等	几何信息包括： ①尺寸大小等形状信息； ②平面位置、标高等定位信息。 非几何信息包括： ①规格型号、材料和材质信息、技术参数等产品信息； ②系统类型、连接方式、安装部位、安装要求、施工工艺等安装信息
暖通空调	风管、风管附件、风道末端、管道、管件、阀门、仪表、机械设备（制冷机、锅炉、风机等）、管道设备支吊架等	
电气	桥架、桥架配件、母线、机柜、照明设备、开关插座、智能化系统末端装置、机械设备（变压器、配电箱、开关柜、柴油发电机等）、桥架设备支吊架等	

机电深化设计模型应包括给水排水、暖通空调、建筑电气等各系统的模型元素，以及支吊架、减振设施、管道套管等用于支撑和保护的相关模型元素。机电深化设计模型可按专业、子系统、楼层、功能区域等进行组织。机电深化设计 BIM 应用交付成果应包括机电深化设计模型、机电深化设计图、碰撞检查分析报告、工程量清单等。

机电深化设计 BIM 软件宜具有下列专业功能：管线综合、参数复核计算、吊架选型及布置、与厂家产品对应的模型元素库。

根据主体设计文件、施工工艺文件、机电设计文件、装饰设计文件等创建机电深化设计模型。

消防工程深化设计模型创建如图 3-11 所示，协同创建的机电全专业中心模型链接建筑结构模型如图 3-12 所示。

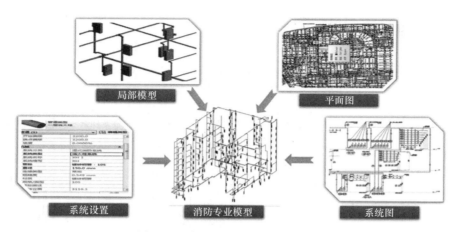

图 3-11　消防工程深化设计模型创建

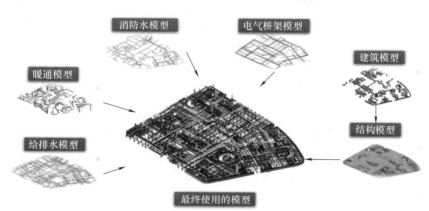

图 3-12　协同创建的机电全专业中心模型链接建筑结构模型

（1）碰撞检测（图 3-13）

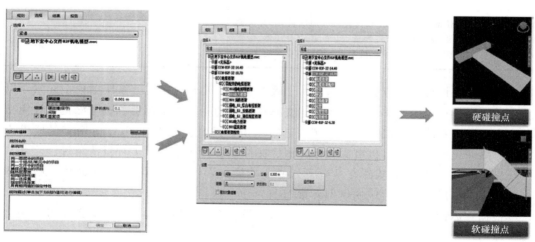

图 3-13　碰撞检测

将模型导入到 Navisworks 软件中，运行碰撞检测，生成碰撞报告（图 3-14）。

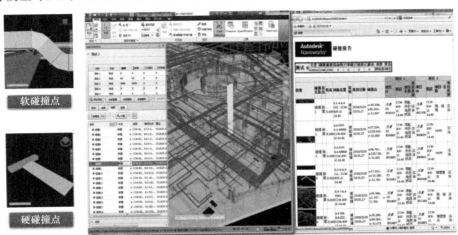

图 3-14 碰撞报告生成

（2）管线综合

根据设计说明、产品样册上的管线尺寸数据预先设置项目模型中的各专业管线系统，将加工要求设置到族文件中，结合净高要求、支架方案、管线安装要求及规范进行合理布置（图 3-15）。

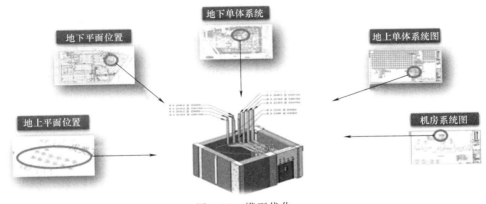

图 3-15 模型优化

（3）净空设计（图 3-16）

根据业主的净高要求表进行合理排布，对未达标区域进行优化和报告。

（4）支吊架设计（图 3-17）

结合支吊架方案，确定支架布置位置、单支架或组合支架方案。完成后应用 Magi-CAD 插件进行荷载验算。

（5）机电末端和预留预埋定位（图 3-18）

孔洞核查必须严谨，通过现场与模型的实际比对，确保孔洞尺寸、位置满足管线排布需要。

（6）输出图纸

输出机电管线综合图（图 3-19）、机电专业施工深化设计图、相关专业配合条件图等。

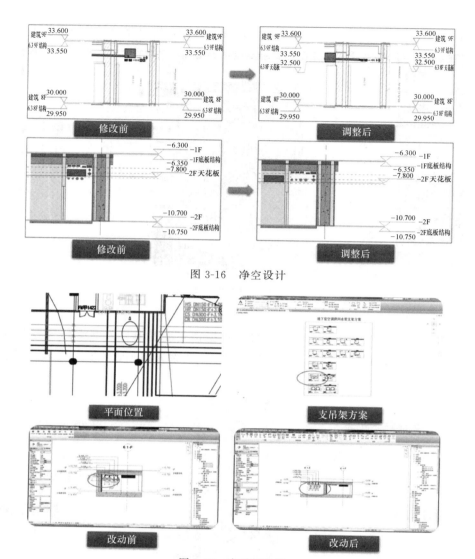

图 3-16　净空设计

图 3-17　支吊架设计

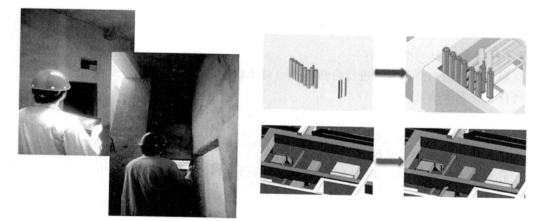

图 3-18　预留孔洞定位

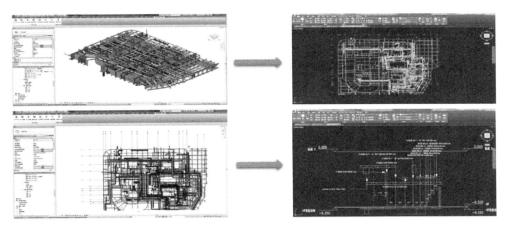

图 3-19　图纸输出

(7) 输出工程量

应用 BIM 平台软件输出按流水段、构件类型、时间划分的工程量清单（图 3-20）。

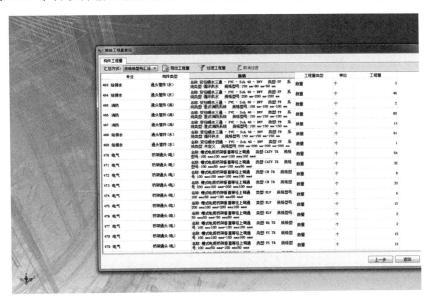

图 3-20　工程量清单输出

思　考　题

1. 什么是图纸深化设计？简述图纸深化设计的内容。
2. 图纸深化设计应遵循哪些原则？
3. 简述运用 BIM 技术进行现浇混凝土结构图纸深化设计的应用点及应用流程。
4. 简述运用 BIM 技术进行装配式混凝土结构图纸深化设计的应用点及应用流程。
5. 简述运用 BIM 技术进行钢结构图纸深化设计的应用点及应用流程。
6. 简述运用 BIM 技术进行机电设备安装图纸深化设计的应用点及应用流程。

第4章
基于BIM技术的
施工进度管理

本章要点

施工进度管理

基于 BIM 的施工进度管理应用

4.1 施工进度管理

4.1.1 施工进度管理概述

4.1.1.1 施工进度管理的定义

施工进度管理是指对工程项目各施工阶段的工作内容、工作程序、持续时间和逻辑关系制订计划，将计划付诸实践。在施工过程中要经常检查实际进度是否按计划要求进行，对出现的偏差分析原因，采取补救措施或调整、修改原计划，直到工程竣工。工程项目进度管理一直都被视为项目成败的重要指标之一，通过对各项施工活动在逻辑和时间上的合理安排，可以有效利用有限资源、减少浪费，在规定的工期内保质保量完成项目施工。施工进度管理的最终目的是确保各施工阶段进度目标的实现。

4.1.1.2 施工进度管理的难点与不足

随着现代工程项目复杂性不断增加，传统的进度管理方式已经难以满足工程项目管理需求，进度延误现象普遍存在。工程项目施工进度管理是项目管理中的一项关键内容，旨在确保进度目标的实现。在那些工程量较大、难度较高的建设项目的施工阶段，由于传统的管理技术和管理软件存在不足，会导致实际进度与计划进度出现偏差，从而导致在施工过程中出现返工或工期增加等一系列问题。

(1) 二维图纸可视性差

由于二维图纸的表达形式与人们现实中的习惯维度不同，所以要看懂二维图纸存在一定的困难，需要通过专业的学习和长时间的训练才能读懂图纸。同时，随着人们对建筑外观美观度的要求越来越高，以及建筑设计行业自身的发展，异形曲面的应用更加频繁，如鸟巢、北京新机场、悉尼歌剧院等外形奇特、结构复杂的建筑物越来越多。即使建筑师能够完成图纸，建造师也很难通过图纸对建筑有完整的理解，很难保证施工进度。二维图纸可视性不强，会对建筑师与建造师之间的沟通造成障碍。

(2) 各参建单位关系协调性差

有些项目参与单位多，组织协调困难。因工程项目的自身特点，需要多方单位参与共同完成。各单位除完成自身团队管理外，还要做好与其他相关方的协调。协调不力，会直接导致工程进度延误。传统的工程模式，项目利益相关方并不能充分协作，不利于项目目标的实现。例如，由于协调不力，供应商不能按期、保质、保量地供应材料设备，机械设备使用时间段的争抢与纠纷，施工段划分不合理、流水组织不力，业主单位工程款无法按期支付等，承包商若未能及时解决，都会影响工程进度。

(3) 管理的规范化和精细化不足

随着项目管理技术的不断发展，规范化和精细化管理是大趋势，但是施工进度管理方法很大程度上依赖项目管理者的经验，很难形成一种规范化和精细化的管理手段，这种管理模式受管理者主观因素的影响很大，直接影响施工的标准化、精细化。

（4）施工进度计划的可操作性不足

工程项目进度计划的编制很大程度上依赖于项目管理者的经验，虽然有施工合同、进度目标、施工方案等客观条件的支撑，但是项目的唯一性和个人经验的主观性难免会使进度计划存在不合理之处，并且现行的编制方法和工具相对比较抽象，不易对进度计划进行检查，一旦计划出了问题，那么按照计划所进行的施工过程必然也不会顺利。目前项目中的普遍情况是计划编制人年轻化，没有丰富的从业经验，对于大型高端综合体项目多专业协调复杂性及各专业工序、工时及专业穿插等关系了解不足，制订出的计划难免会出现不合理的地方。

（5）施工进度计划的灵活性不足

施工进度管理虽然可以对工程项目前期阶段所制订的进度计划进行优化，但是受到对未来所发生事件的不确定性以及管理者自身技术水平的限制，所以项目管理者对进度计划的优化只能停留在一定程度上，即优化不充分，这就使得进度计划中可能存在某些没有被发现的问题，当这些问题在项目的施工阶段表现出来时，项目施工就会相当被动，往往这个时候，就只能根据现场情况被动地修改计划，使之与现场情况相符，失去了计划控制施工的意义。

4.1.2　施工进度计划

4.1.2.1　施工进度计划的编制依据

① 工程项目的全部设计图纸，包括工程的初步设计或扩大初步设计、技术设计、施工图设计、设计说明书、建筑总平面图等。

② 工程项目有关概（预）算资料、指标、劳动定额、机械台班定额和工期定额。

③ 施工承包合同规定的进度要求和施工组织设计。

④ 施工总方案（施工部署和施工方案）。

⑤ 工程项目所在地区的自然条件和技术经济条件，包括气象、地形地貌、水文地质、交通水电条件等。

⑥ 工程项目需要的资源，包括劳动力状况、机具设备能力、物资供应来源条件等。

⑦ 地方建设行政主管部门对施工的要求。

⑧ 国家现行的建筑施工技术、质量、安全等规范，操作规程和技术经济指标。编制进度计划的依据主要包括项目网络图、时间估算、资源储备说明、项目日历和资源日历、强制日期、关键事件或主要里程碑、假定前提以及提前和滞后等。

4.1.2.2　施工进度计划的表现形式

（1）横道图

横道图又称为甘特图，是以图示的方式通过活动列表和时间刻度形象地表示出任何特定项目的活动顺序与持续时间，如图 4-1 所示。它能够清楚地表达活动的开始时间、结束时间和持续时间，一目了然，易于理解，并能够为各层次的人员所掌握和运用。

（2）斜线图

斜线图又称垂直图表，其主要特点是可明确表达不同施工过程之间分段流水、搭接

编号	分部分项工程	时间(天)	工作人数(人)	工程量( )	8月份	9月份	10月份	11月份
1	施工准备	6	15					
2	土方开挖	4	44					
3	岩石爆破	4	33					
4	独立柱基础	5	15					
5	土方回填	2	10					
6	一层主体	10	18					
7	二层主体	8	18					
8	三层主体	7	15					
9	四层主体	7	12					
10	砌体工程	15	15					
11	屋面	8	6					
12	墙面抹灰	12	20					
13	门窗安装	8	8					

图 4-1 施工进度计划横道图

施工情况，如图 4-2 所示，可直观反映相邻两施工过程之间的流水步距。工作进度直线斜率可形象表示活动的进展速率。

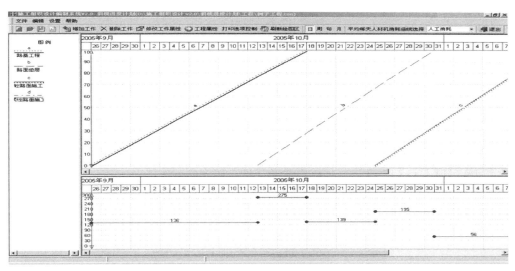

图 4-2 施工进度计划斜线图

（3）时标网络图

时标网络图是综合应用横道图的时间坐标和网络计划的原理，吸收了两者的长处，使其结合起来应用的一种网络计划方法。如图 4-3 所示，实箭线表示工作，其长度表示该工作持续的时间；虚箭线表示虚工作，实际工作时间为零，故虚工作只能垂直画；波形线表示工作与其紧后工作之间的时间间隔。

（4）里程碑法

里程碑法又称为可交付成果法，即在横道图上或网络图上标示出一些关键事项，这

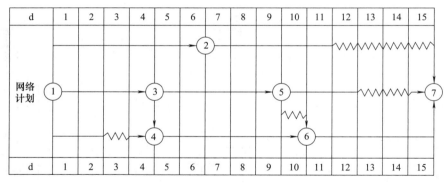

图 4-3　施工进度计划时标网络图

些事项能够明显地确认，一般是反映进度计划执行各个阶段的目标。通过这些关键事项在一定时间内的完成情况可反映项目进度计划的进展情况，因而这些关键事项被称为"里程碑"。里程碑计划见表 4-1。

表 4-1　施工进度计划里程碑计划表

序号	工 程 项 目	里程碑计划		
		♯1机组	♯2机组	机组主要图纸交付时间
0	主厂房土方开挖	2008.05.10		
1	主厂房浇灌第一方混凝土	2008.08.06		
2	主厂房基础施工完	2008.10.10	2008.10.15	
3	主厂房上部框架结构混凝土施工完	2009.09.20	2009.09.30	主厂房上部结构图2009.04.01交
4	主厂房封闭施工完	2009.10.20	2009.10.30	封闭图2009.04.01
5	空冷岛基础	2009.05.10	2009.05.30	基础图2009.04.01交付
6	空冷岛建筑交付安装	2009.09.10	2009.09.20	结构图2009.04.01交
7	集控室封闭施工完,交付安装	2009.10.20		基础、结构及封闭同主厂房
8	锅炉基础施工完,交付安装	2009.05.20	2009.05.30	
9	汽机基础施工完,交付安装	2009.10.31	2009.11.20	
10	汽机运转层平台施工完,交付	2009.11.30	2009.11.30	
11	烟囱筒体施工到顶	2009.09.30		

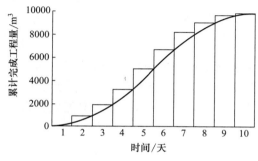

图 4-4　施工进度计划曲线图

（5）进度曲线法

进度曲线法是以时间为横轴，以累计完成工程量为纵轴，按计划时间累计完成工程量的曲线作为预定的进度计划，如图 4-4 所示。

4.1.2.3　施工进度计划的编制方法

编制进度计划的方法有很多，其中关键线路法（CPM）、计划评审技术（PERT）、图示评审技术（GERT）最为常见。

（1）关键线路法

关键线路法是计划中工作与工作之间的逻辑关系肯定，且每项工作只估算一个肯定的持续时间的网络计划。它用网络图表示各项工作之间的相互关系，找出控制工期的关键路线，在一定工期、成本、资源条件下获得最佳的计划安排，以达到缩短工期、提高工效、降低成本的目的。它适用于有很多作业而且必须按时完成的项目。关键路线法是一个动态系统，它会随着项目的进展不断更新。该方法采用单一时间估计法，其中时间被视为一定的或确定的。

（2）计划评审技术

计划评审技术是指用网络图来表达项目中各项活动的进度和它们之间的相互关系，在此基础上，进行网络分析和时间估计。该方法认为项目持续时间以及整个项目完成时间长短是随机的，服从某种概率分布，可以利用活动逻辑关系和项目持续时间的加权合计，即用项目持续时间的数学期望计算项目时间。

（3）图示评审技术

图示评审技术是认为工作与工作之间的逻辑关系和工作持续时间都具有不确定性（即有些工作可能根本不进行，而另一些工作则可能多次进行）而按概率处理的网络计划技术。

4.1.2.4 进度计划优化

（1）工期优化

工期优化是指压缩计算工期以满足工期要求，或在一定条件下使工期最短的过程。具体优化步骤如下：计算网络计划中的时间参数，并找出关键线路和关键工作；按要求工期计算应缩短的时间；确定各关键工作能缩短的持续时间；将应优先缩短的关键工作压缩至最短持续时间，并找出关键线路（若被压缩的关键工作变成了非关键工作，则应将其持续时间再适当延长，使之仍为关键工作；若计算工期仍超过要求工期，则重复以上步骤，直到满足工期要求或工期已不能再缩短为止）；当所有关键工作或部分关键工作已达最短持续时间而寻求不到继续压缩工期的方案但工期仍不能满足要求工期时，应对计划的原技术、组织方案进行调整，或对要求工期重新审定。

（2）费用优化

费用优化又叫工期成本优化，是寻求最低成本的最短工期安排，或按要求工期寻求最低成本的计划安排过程。具体优化步骤如下：按正常工期编制网络计划，并计算计划的工期和完成计划的直接费；列出构成整个计划的各项工作在正常工期和最短工期时的直接费，以及缩短单位时间所增加的费用，即单位时间费用变化率；根据费用最小原则，找出关键工作中单位时间费用变化率最小的工序首先予以压缩，这样使直接费增加得最少；计算加快某关键工作后计划的总工期和直接费，并重新确定关键线路；重复上述内容，直到网络计划中关键线路上的工序都达到最短持续时间不能再压缩为止；根据以上计算结果可以得到一条直接费曲线，如果间接费曲线已知，叠加直接费与间接费曲线得到总费用曲线；总费用曲线上的最低点所对应的工期，就是整个项目的最优工期。

（3）资源优化

工程项目中的资源包括人力、材料、动力、设备、机具、资金等。资源的供应情况是影响工程进度的主要因素。因此，在编制进度计划时一定要以现有的资源条件为基础，通过改变工作的开始时间，使资源按时间的分布符合优化目标。

4.1.3　施工进度控制

4.1.3.1　施工进度控制基本原理

施工项目进度控制是以现代科学管理原理作为理论基础的，主要有系统原理、动态控制原理、信息反馈原理、弹性原理和封闭循环原理等。

（1）系统原理

系统原理就是用系统的概念来剖析和管理施工项目进度控制活动。进行施工项目进度控制应建立施工项目进度计划系统、施工项目进度组织系统。

① 施工项目进度计划系统。施工项目进度计划系统是施工项目进度实施和控制的依据。施工项目进度计划包括施工项目总进度计划、单位工程进度计划、分部分项工程进度计划、材料计划、劳动力计划、季度和月（旬）作业计划等。它形成了一个进度控制目标按工程系统构成、施工阶段和部位等逐层分解，编制对象从大到小，范围由总体到局部，层次由高到低，内容由粗到细的完整的计划系统。计划的执行则是由下而上，从月（旬）作业计划、分部分项工程进度计划开始，逐级按进度目标控制，最终完成施工项目总进度计划。

② 施工项目进度组织系统。施工项目进度组织系统是实现施工项目进度计划的组织保证。施工项目的各级负责人，即项目经理、各子项目负责人、计划人员、调度人员、作业队长、班组长以及有关人员组成了施工项目进度组织系统。这个组织系统既要严格执行进度计划要求、落实和完成各自的职责和任务，又要随时检查、分析计划的执行情况，在发现实际进度与计划进度发生偏离时，能及时采取有效措施进行调整、解决。也就是说，施工项目进度组织系统既是施工项目进度的实施组织系统，又是施工项目进度的控制组织系统，既要承担计划实施赋予的生产管理和施工任务，又要承担进度控制目标，对进度控制负责，这样才能保证总进度目标实现。

（2）动态控制原理

施工项目进度目标的实现是一个随着项目的施工进展以及相关因素的变化不断进行调整的动态控制过程。施工项目按计划实施，但面对不断变化的客观实际，施工活动的轨迹往往会产生偏差。当实际进度比计划进度超前或落后时，控制系统就要作出应有的反应：分析偏差产生的原因，采取相应的措施，调整原来计划，使施工活动在新的起点上按调整后的计划继续运行。当新的干扰影响施工进度时，新一轮调整、纠偏又开始了。施工项目进度控制活动就这样循环往复，直至预期计划目标实现。

（3）信息反馈原理

反馈是控制系统把信息输送出去，又把其作用结果返送回来，并对信息的再输出施加影响，起到控制作用，以达到预期目的。施工项目进度控制的过程实质上就是对有关施工活动和进度的信息不断搜集、加工、汇总、反馈的过程。施工项目信息管理中心要对搜集的施工进度和相关影响因素的资料进行加工分析，由领导作出决策后，向下发出指令，指导施工或对原计划作出新的调整、部署；基层作业组织根据计划和指令安排施工活动，并将实际进度和遇到的问题随时上报。每天都有大量的内外部信息、纵横向信息流进流出，因而必须建立健全一个施工项目进度控制的信息网络，使信息输送准确、及时、畅通，反馈灵敏、有力，以及能正确运用信息对施工活动有效控制，才能确保施工项目的顺利实施和如期完成。

(4) 弹性原理

施工项目进度控制中应用弹性原理，首先表现在编制施工项目进度计划时，要考虑影响进度的各类因素出现的可能性及其变化的影响程度，进度计划必须保持充分弹性，要有预见性；其次是在施工项目进度控制中具有应变性，当遇到干扰，工期拖延时，能够利用进度计划的弹性，通过或缩短有关工作的时间，或改变工作之间的逻辑关系，或增减施工内容、工程量，或改进施工工艺、方案等有效措施，对施工项目进度计划作出及时地相应地调整，缩短剩余计划工期，最后达到预期的计划目标。

(5) 封闭循环原理

施工项目进度控制是从编制项目施工进度计划开始的，由于影响因素的复杂和不确定性，在计划实施的全过程中，需要连续跟踪检查，不断地将实际进度与计划进度进行比较，如果运行正常可继续执行原计划，如果发生偏差，应在分析其产生的原因后，采取相应的解决措施和办法，对原进度计划进行调整和修订，然后再进入一个新的计划执行过程。这个由计划、实施、检查、比较、分析、纠偏等环节组成的过程就形成了一个封闭循环回路，而施工项目进度控制的全过程就是在许多这样的封闭循环中得到有效地不断调整、修正与纠偏，最终实现总目标的。

4.1.3.2 实际进度与计划进度的比较

(1) 横道图比较法

横道图比较法指将项目实施过程中检查实际进度收集到的数据，经加工整理后直接用横道线平行绘于原计划的横道线处，进行实际进度与计划进度比较的方法。其特点是：形象、直观地反映实际进度与计划进度的比较情况。

(2) S形曲线比较法

S形曲线比较法是以横坐标表示时间，纵坐标表示累计完成任务量，绘制一条按计划时间累计完成任务量的S形曲线，然后将工程项目实施过程中各检查时间实际累计完成任务量的S形曲线也绘制在同一坐标系中，进行实际进度与计划进度比较的一种方法。

(3) 香蕉曲线比较法

香蕉曲线比较法是工程项目施工进度控制的方法之一。"香蕉"曲线由两条以同一时间开始、同一时间结束的S形曲线组合而成：其中，一条S形曲线是工作按最早开始时间安排进度所绘制的S形曲线，简称ES曲线；而另一条S形曲线是工作按最迟开始时间安排进度所绘制的S形曲线，简称LS曲线。

(4) 前锋线比较法

前锋线比较法是通过绘制某检查时刻工程项目实际进度前锋线，进行工程实际进度与计划进度比较的方法，它主要适用于时标网络计划。前锋线比较法就是通过实际进度前锋线与原进度计划中各工作箭线交点的位置来判断工作实际进度与计划进度的偏差，进而判定该偏差对后续工作及总工期影响程度的一种方法。

4.1.3.3　施工进度计划的调整

(1) 施工进度计划调整的系统过程

分析进度偏差产生的原因，分析进度偏差对后续工作和总工期的影响，确定后续工作和总工期的限制条件，采取措施调整进度计划，实施调整后的进度计划。

(2) 进度计划调整方法

① 改变某些工作之间的逻辑关系。主要是改变关键线路上各工作之间的先后顺序和逻辑关系，寻求缩短工期的途径。

② 缩短某些工作的持续时间。主要是着眼于对关键线路上各工作本身的调整，不改变工作之间的逻辑关系。当施工进度延误，为了加快进度，通常要压缩关键线路上相关工作的持续时间，同时也意味着要增加相应的资源，以达到赶工的目的。

③ 重新编制进度计划。当采用上述办法不能奏效时，可根据工期要求，将剩余的工作重新编制进度计划，使其能够满足工期要求。

4.2　基于 BIM 的施工进度管理应用

4.2.1　BIM 技术的优势

信息模型通过数字信息来描述建筑物所具备的真实信息。真实信息不仅包含描述建筑物空间形状的几何信息，还包含建筑物的众多非几何信息，如构造材料、混凝土等级、钢筋标号、工程造价、进度计划等工程相关信息。BIM 就是把所有信息参数化，用计算机模拟建立一个建筑模型，并把所有的相关信息整合到这个建筑模型中。建筑信息模型就是一个内容丰富、数据完整、逻辑严密的建筑信息库。

建筑信息模型是一个由计算机模拟建筑物所形成的信息库，包含了设计阶段的设计信息、施工阶段的施工信息，以及运营维护直至拆除的后期信息，项目寿命周期的全部信息一直容纳在这个三维模型信息库中。建筑信息模型能够连续瞬时提供项目设计内容、进度计划和成本控制等信息，且这些信息完整准确并且协调一致。建筑信息模型可以在项目变更、施工过程中保持信息不断调整并可开放数据，使设计师、工程师、管理者、施工人员能够实时地掌握项目动态信息，并在各自负责的专业区域内作出相应的调整，从而提高项目的综合效益。

(1) 信息关联度高，易于组织协调

传统的进度计划是用横道图和网络图进行绘制的，无法反映出整个工程的完整信息，难以准确描述施工过程的复杂关系。由于信息缺失导致的施工计划不完善、施工协调度较差的情况时有发生，不利于项目的进展。而利用 BIM 技术，构建统一的工作环境，可使项目各参与方参与，避免了沟通障碍。

（2）模拟施工，优化施工方案

在传统的施工管理中，很难发现潜在的施工缺陷和冲突，大部分都是在实际建造过程中发现问题，由此造成的工期延误和成本增加时有发生。而BIM技术可以综合各专业之间的信息，对施工过程进行模拟，提前发现施工过程中的问题，制订更加科学的技术方案。

（3）优化资源，作出决策

传统工程进度管理大多是依赖经验，很难形成规范化和精细化的管理模式。而BIM技术结合了工程的实际信息，通过可视化环境进行模拟优化，有利于管理者对工程中出现的材料浪费、物资采购、质量缺陷、安全管理等多个方面的问题进行决策，主动进行资源的优化配置。

4.2.2 应用流程

（1）建筑信息模型的建立

三维模型的建立是BIM应用的基础，BIM模式下的信息传递形式与传统形式相比有很大变化，BIM参数模型成一个体系。通过BIM信息平台可以对工程项目建设的各个阶段进行综合协调，它不是一个软件或一类软件，而是一个整体的系统。通过BIM核心软件把各个系统有机地联系在一起，同时所有信息一旦进入模型就会同步到各个子系统，所有数据都会同步更新和调整。BIM整体参数模型包括建筑、结构、机械、暖通、电气等各BIM子系统模型，在项目实际施工开始前可以通过该模型查找各子系统间的矛盾冲突，一旦发现问题可以及时修改，最终在设计阶段就解决，确保在工程施工时不会出现上述低级错误，提高管理效率。在项目实施过程中可以实现4D、5D模型，即将增加的进度控制及投资控制信息与三维模型关联，从而实现协调整个工程项目管理的目标。

（2）施工进度计划编制

在项目施工前，首先由项目经理或相关计划编制负责人完成总进度计划编制。二级进度计划由项目经理与各分包项目经理共同编制。各施工班组长在参照总进度计划和二级进度计划的基础上，编制周进度计划草案，然后各计划编制方通过BIM信息平台进行充分的协作和沟通，对进度计划进行协调，形成最终的工作计划。底层计划完成后，根据具体情况，选择使用BIM模型可视化、5D模拟施工等功能，分析计划执行中的潜在问题，并及时加以调整和完善，确保计划的可实施性。整个计划要得到各方认同，并承诺按时完成。计划执行过程中，可利用4D功能动态跟踪施工过程，便于与实际情况比对，提高相关方交流效率，及时解决施工中存在的问题。另外，为保证项目计划的持续改进，应注意工作经验的积累。各施工班组长按照工作计划要求及时做好汇报。不管工作任务是否按计划完成，均应对计划执行中的问题和困难总结上报。即使任务按时完成，也存在检查不合格可能性，相关部分的处理仍需重新计划安排。

项目进度计划编制流程的第一步是总进度计划编制。总进度计划的编制不局限于系统的应用，可综合应用进度计划的相关技术和方法。计划编制负责人首先从BIM建筑信息模型数据库中查看相关资料，确定工程量，根据合同确定各单位工程的施工期限以及搭接时间，然后应用Project等现有进度计划工具完成总进度计划的编制，并将施工进度信息与BIM模型联动进行施工过程分析和总进度计划调整优化。

二级进度计划的编制需要在 BIM 进度管理信息界面内完成。在总进度计划的基础上，二级进度计划由各单位项目经理或计划负责人共同完成。其编制过程如下：利用 WBS 技术将高层次的活动分解成工作包；定义任务间工序和逻辑关系，计算工程量、人工和机械台班数，确定开始和完成时间；利用相关进度计划软件制订二级进度计划。计划编制完成后，要实现系统中模型组件和活动的关联，实现施工过程分析和进度计划优化。

周进度计划是在二级进度计划的基础上编制完成的。计划编制过程中应该坚持末位计划者思想。首先，施工队伍可以在二级进度计划中选择下周执行的工作包。分包经理也可以通过系统的设置为施工班组长分配工作包。其次，根据建筑组件的属性，分包经理和施工班组长将工作包继续分解为可执行的任务。各施工队伍间通常存在任务的交叉和分配，工作界面的划分可以通过系统，经各队伍协商解决。最后，将分解的可执行任务安排成周进度计划。周进度计划初步完成后，需利用 BIM 模型信息和进度信息进行施工过程模拟，分析潜在问题，调整施工方案，优化施工计划，增强计划的可操作性。4D 模拟功能在周计划制订中的应用，更能凸显 BIM 技术的价值。周工作计划是二级进度计划与日常工作计划的桥梁，周工作计划的准确性既能保证项目总体进度的实现，又能指导日常工作安排。

日常工作计划的制订建立在周进度计划的基础上，BIM 进度管理系统可以提供专业的模型界面显示工作任务，模拟施工过程。通过相关终端设备，施工人员可以查看模型信息，施工班组长可输入现场进度信息，并与计划编制人员互动，尤其是现场施工过程中出现的各种问题可以得到及时的上报并得到解决，以作出新的工作任务的调整，保证周进度计划的执行。

（3）三维模型与施工进度计划的结合

通过 BIM 技术将工程项目进度管理与 BIM 模型相互结合，用横道图和网络图相辅相成的展示方式，革新现有的工程进度管理模式。如图 4-5 所示，鲁班系列软件中的鲁班进度计划可以将 Project 以及 Excel 的进度计划导入到软件中，同时关联 BIM 三维模型，可使构件与进度计划相关联，实现 BIM 技术在施工进度计划中的 4D 应用。

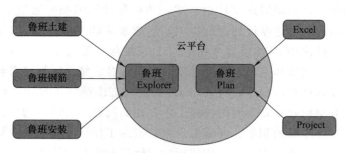

图 4-5 鲁班 BIM 4D 的应用流程

4.2.3　应用点操作步骤

4.2.3.1　作业时间估算

工作分解结构对项目作业进行定义后，需要逐一估计作业时间。作业时间是指作业持续的时间，估算作业时间是时间计划的核心。作业时间的估算不是简单地依靠数学运算，而是需要根据项目团队的能力以及可以利用的专业人员、设备和资金等因素做调整。作业时间估算需要考虑影响工期的内外因素，可以结合经验、历史资料、调研、德尔菲法、建模等方式进行。

基于 BIM 的进度计划，在完成工作分解结构时，实现了 WBS 编码与模型构件 ID 号的关联，选定作业即可查看对应模型构件的基本数据信息，因此，作业时间的估算可以利用模型构件的几何、功能等数据，通过工程量信息的取得，结合具体计算方法完成。通过系统数据库中其他项目模型经验和历史信息参考，可完成作业工期估算。

基于 BIM 的进度系统可以查看和编辑选定作业的详细进度信息，包括计划开始与完成日期、实际开始与完成日期、自由时间、总工期、限制条件、计划工期与实际工期等；还可以查看和编辑作业的劳动力与非人工单位费用数值、材料费用值。

4.2.3.2　建立逻辑关系

当作业工期确定后，创建项目进度计划的下一步是建立作业间的逻辑关系，以此来指明某项作业是否必须在另一项作业开始或完成后才可开始。分配逻辑关系后，通过项目进度计算得出各项作业完成的最早与最晚日期。

紧前作业到后续作业的逻辑关系通常有四种。完成-开始（FS）：只有当紧前作业完成后，后续作业才能开始；完成-完成（FF）：后续作业的完成取决于紧前作业的完成；开始-开始（SS）：后续作业的开始取决于紧前作业的开始；开始-完成（SF）：只有当紧前作业开始时，后续作业才能完成。

在后续作业不能随着紧前作业开始或完成而同时开始或完成的情况下，可以为该关系定义延时。延时是指从一项作业开始或完成到后续作业开始或完成之间的时间数。延时可为正值或负值。例如，具有三天延时的开始-开始关系，表示在紧前作业开始三天后，后续作业才可开始。

基于 BIM 的进度计划，分配逻辑关系的方法有多种，可以使用作业网络图来直观地显示连接作业的逻辑流程，或使用横道图来根据时间查看逻辑关系，也可以直接选择 WBS 作业将关系分配到项目的其他作业。在完成逻辑关系的设定后，即完成网络图和横道图的制订，可通过系统选择多项作业应用网络计划或横道图进行计划分析，并可查看选定作业的四维动态模拟。

4.2.3.3　进度计划优化

在实际工程中，经常需要去做几个方案进行比选，利用 BIM 软件可以将进度计划方案录入到软件中，可以实现横道图、单代号网络图、双代号网络图的快速转化，帮助用户对比不同方案，分析各方案的优劣，最终确定最佳方案。

4.2.3.4　碰撞检查

(1) 目的与意义

由于建筑设计是由多个专业、不同的设计师来做的分别设计，所以会导致一些碰撞冲突的存在，不能直接指导施工。传统模式下，是由各方专家进行图纸会审，来查找出设计中的不合理之处，但是由于二维图纸的局限性，很难发现这些碰撞冲突，即使能发现一些碰撞问题，也很难面面俱到，对后续的施工进度计划的顺利实施仍有一定的影响，很难保证进度计划的实施。现在，可将二维图纸转化为三维模型，将各专业（建筑、给排水、消防、采暖、通风、强电、弱电等）合并到同一个 BIM 模型中，快速地生成碰撞检测报告，并及时作出修改，减少了二次返工的情况，保证了施工进度计划的顺利实施。

（2）数据准备

即准备各专业的工程图纸。

（3）操作流程

① 建立各专业三维模型，模型根据图纸建立，各专业模型建立要准确无误。

② 将各专业模型上传到鲁班 Explorer 软件中。

③ 在鲁班 Explorer 软件或鲁班 Works 软件中，将所有专业模型建立到同一个工作集中。

④ 利用鲁班 Works 软件进行碰撞检查以及漫游检查，如图 4-6 所示。

图 4-6　通过漫游检查错误

⑤ 生成碰撞检查报告（图 4-7）。

（4）应用成果

通过生成的碰撞检查报告，分析整理所存在的碰撞问题，指导施工，减少不必要的返工。

4.2.3.5　可视化模拟

（1）目的与意义

传统的施工过程管理主要通过图标和文字的方式展示施工进度，这种管理方式不够形象具体，不容易理解。采用 BIM 技术可以很好地解决这一问题，通过 BIM 技术对施工过程进行可视化模拟具有很大的可预见性，在未施工之前就可以使所有的项目参与者知道所建设工程的外观、各个时间节点上需要完成的工作、施工的前后顺序，以及各自所负责的工作，可以有效地促进施工过程的协调有序。

（2）数据准备

即准备三维模型以及进度计划。

（3）操作流程

① 收集数据，并确保数据的准确性。

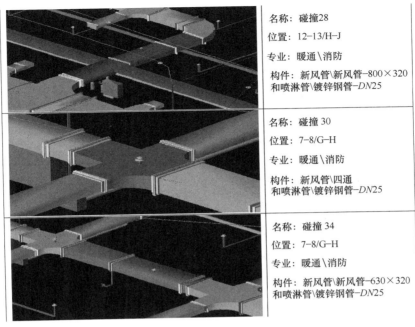

	名称: 碰撞28 位置: 12-13/H-J 专业: 暖通\消防 构件: 新风管\新风管-800×320 和喷淋管\镀锌钢管-DN25
	名称: 碰撞30 位置: 7-8/G-H 专业: 暖通\消防 构件: 新风管\四通 和喷淋管\镀锌钢管-DN25
	名称: 碰撞34 位置: 7-8/G-H 专业: 暖通\消防 构件: 新风管\新风管-630×320 和喷淋管\镀锌钢管-DN25

图 4-7　利用鲁班 Works 生成碰撞检查报告

② 建立三维模型。

③ 编制进度计划。

④ 将进度计划与三维模型中的构件相关联。

⑤ 进行施工模拟，如图 4-8 所示。

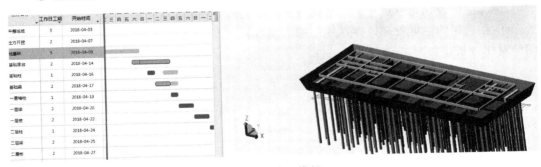

图 4-8　施工模拟

（4）应用成果

总体施工计划模拟，可以模拟施工的工作过程，形象地展示出各施工队的未来工作成果。

专项施工方案模拟，用动画展示所有流程后，可直观地反映各工序之间的顺序及空间碰撞关系，在编制施工方案时起到辅助作用。如图 4-9 所示为施工模拟在深基坑中的应用。

4.2.3.6　计划进度与实际进度的对比

（1）目的与意义

在复杂的施工项目中，存在着许多不可控的风险，这样会使进度计划无法按照原定

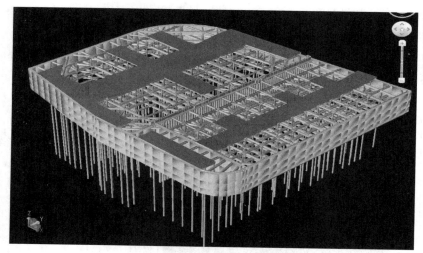

图 4-9　基坑支撑模拟方案模型

的时间完成，所以需要在项目的实施阶段，不断地进行调整。通过计划进度与实际进度对比，比较分析出导致进度出现偏差的原因，采取一定的措施及时进行调整，以保证整个项目能按时完成。

（2）数据准备

土建模型、钢筋模型、安装模型的建立，编制施工进度计划的资料以及依据。

（3）操作流程

① 收集数据，并确保数据的准确性。

② 根据已有的资料编制施工进度计划。

③ 将进度计划与三维建筑信息模型链接，关联生成施工进度管理模型。

④ 在选用的进度管理软件系统中输入实际进度信息后，进行实际进度与项目计划间的对比分析，如图 4-10 所示。

图 4-10　计划进度与实际进度之间的对比

（4）应用成果

BIM 技术的最大优势在于信息的传递与存储，能使工作人员及时地了解现场的实际工作情况，并将实际进度与计划进行对比分析，生成进度对比图。项目经理可以及时调阅 BIM 模型中的各项信息，结合项目现场的资源、人员分配的实际情况，决定是否对正在进行的计划作出调整。如确定需要调整，可以利用 BIM 信息平台，查阅资源中心的数据，协同各方人员商量对策，这样可以大大提高工作效率，减少各方之间协调和逐级上报的工作。

BIM信息平台将各方信息都汇集到一起，可及时发现进度计划中存在的问题。例如：将设计变更单、联系单第一时间上传到平台；将存在的问题及时纠正，以减少不必要的返工；将产生的调整，及时进行更新，生成新的进度计划，以指导后续的施工和资源、人员的配置，同时也为后期的进度评价留下了相关的信息资料。

4.2.3.7　人、材、机供应计划

通过BIM信息模型，可选择构件，提取材料用量。基于模型的3D可视化效果，并辅以构件的过滤功能，使得选择构件更加准确，更能快速地提取到所需的材料用量，如图4-11所示。结合施工进度计划和流水段作业面安排，以及现场施工的进展信息，智能提取到符合现场施工进展的下阶段材料采购计划和材料使用计划，通过材料计划和实际用量的记录，能够结合施工进度的时间顺序，形成材料用量的分析曲线，从而能够准确识别出计划与实际材料用量的偏差、材料用量的高峰，进而辅助生产管理人员进行现场施工管理，并可辅助材料管理人员制订符合现场实际情况、合理有效的材料采购、供应、使用方案。

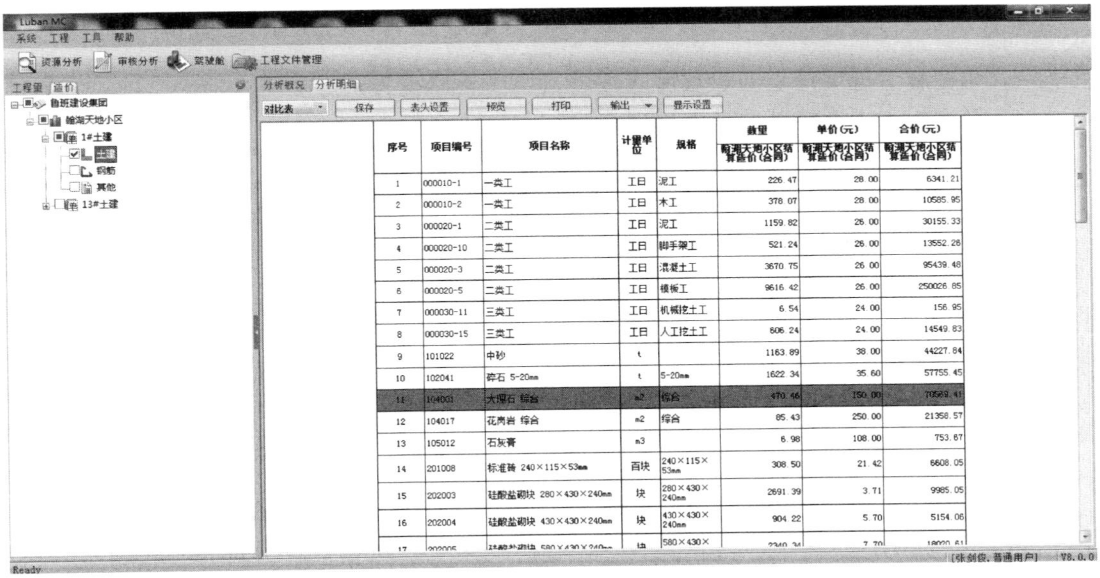

图4-11　人、材、机资源查看

传统施工管理中容易出现一些问题，如：根据班组计算得到的过程中计划工程量制订采购计划，责权颠倒；施工过程中无法及时、准确获取拆分工程实物量，无法实现过程管控；施工中材料领取经验主义盛行等。

基于BIM技术的4D关联数据库，可以实现快速、准确获得过程中工程基础数据拆分实物量；随时为采购计划的制订提供及时、准确的数据支撑；随时为限额领料提供及时、准确的数据支撑。

利用鲁班基础数据分析系统及BIM浏览器，项目以及公司各岗位人员可以随时随地调取到工程所需任何数据，如图4-12所示，如项目部所需的各类材料，尤其是钢筋、

模板、混凝土等主材。可以严格控制它们的采购量，对班组也能实行限额领料，既避免了材料的浪费，又能保证材料到场的及时性，有利于公司对项目资金的调配及安排，减少资金积压和成本浪费。

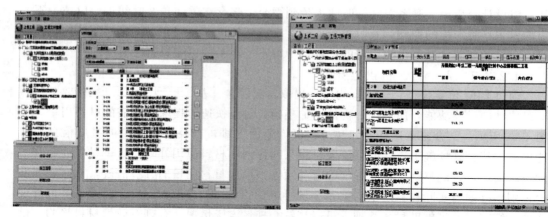

图 4-12   通过系统对混凝土、钢筋等主材用量进行查询控制

思 考 题

1. 简述施工进度计划的表现形式。
2. 简述施工进度控制的基本原理。
3. 实际进度与计划进度的比较有哪几种方法？
4. 如何实现 BIM 三维模型与进度计划的结合？
5. 简述基于 BIM 的施工进度管理应用流程。

第5章
基于BIM技术的
施工质量管理

本章要点

施工质量管理

基于BIM的施工质量管理应用

5.1 施工质量管理

5.1.1 施工质量管理概述

5.1.1.1 质量管理定义

(1) 质量的概念

在国际标准 ISO 9000：2000 中对质量做了比较全面和准确的定义：一组固有特性满足要求的程度。这里"要求"是指"明示的、通常隐含的或必须履行的需求或期望"。要求不仅是指顾客的要求，还应包括社会的需求，应符合国家的法律、法规和现行的有关政策。质量具有动态性、时效性和相对性。就建筑工程而言，质量应具有安全、适用、经济、美观的含义。

(2) 质量管理的概念

质量管理就是指导和控制某组织与质量有关的彼此协调的活动。它通常包括质量方针和质量目标的建立、质量策划、质量保证和质量改进。因此，质量管理可进一步解释为确定和建立质量方针、目标和职责，并在质量体系中通过诸如质量策划、质量控制、质量保证和质量改进等手段来实施的全部管理职能的所有活动。

(3) 建设工程项目各阶段对质量形成的影响

建筑工程质量的特点是由建设工程本身的特性和建设生产特点决定的。建筑工程及其生产的特点概括起来有以下几点：一是产品的固定性，生产的流动性；二是产品的多样性，生产的单件性；三是产品形体庞大、高投入、生产周期长，具有风险性；四是产品的社会性、生产的外部约束性。基于建设工程及其生产的以上特点，形成了建筑工程质量本身具有的以下特点：建筑工程质量受设计水平、材料好坏、施工方法先进与否、技术措施是否到位、人员素质的高低、工期等多因素的影响。对于一般产品而言，顾客在市场上直接购置一个最终产品，不介入该产品的生产过程；而工程的建设过程是十分复杂的，它的顾客（业主、投资者）必须直接介入整个生产过程，参与全过程的、各个环节的、对各种要素的质量管理。要达到工程项目的目标，得到一个高质量的工程，必须对整个项目过程实施严格控制的质量管理。质量管理必须达到微观和宏观的统一、过程和结果的统一。由于项目施工是渐进的过程，因此在建设工程项目质量管理过程中，任何一个方面出现问题，必然会影响后期的质量管理，进而影响工程的质量目标。工程项目具有周期长的特点，工程质量不是旦夕之间形成的。工程建设各个阶段紧密衔接且相互制约，每一个阶段均对工程质量的形成产生十分重要的影响。一般来说，工程项目立项、设计、施工和竣工验收等阶段的过程质量应该为使用阶段服务，应该满足使用阶段的要求。工程建设的不同阶段对工程质量的形成起着不同的作用和影响，具体表现在以下几个方面。

① 工程项目立项阶段对工程项目质量的影响。项目建议书、可行性研究是建设前期必需的程序，是工程立项的依据，是决定工程项目建设成败与否的首要条件。它关系到工程建设资金保证、时效保证、资源保证，决定了工程设计与施工能否按照国家规定的建设程序、标准来规范建设行为；也关系到工程最终能否达到质量目标和被社会环境所容纳。在项目的决策阶段主要是确定工程项目应达到的质量目标及水平。对于工程建设项目，需要平衡投资、进度和质量的关系，做到投资、进度和质量的协调统一，达到让业主满意的质量水平。因此，项目决策阶段是影响工程质量的关键阶段，要充分了解业主和使用者对质量的要求和意愿。

② 工程勘察设计阶段对工程项目质量的影响。工程项目的地质勘察工作，是选择建设场地和为工程设计与施工提供场地的依据。地质勘察是决定工程建设质量的重要环节。地质勘察的内容和深度、资料的可靠程度等将决定工程设计方案能否综合考虑场地的地层构造、岩石和土的性质、不良地质现象及地下水等条件，是全面合理地进行工程设计的关键，同时也是工程施工方案确定的重要依据。

③ 工程项目设计阶段对工程项目质量的影响。工程项目设计质量是决定工程建设质量的关键环节，工程采用什么样的平面布置和空间形式，选用什么样的结构类型、材料、构配件及设备等，都直接关系到工程主体结构的安全可靠，关系到建设投资的综合功能是否充分体现在规划意图里。在一定程度上，设计的完美性反映了一个国家的科技水平和文化水平。设计的严密性、合理性，从根本上决定了工程建设的成败，是主体结构和基础安全、环境保护、消防、防疫等措施得以实现的保证。

④ 工程项目施工阶段对工程项目质量的影响。工程项目的施工，是指按照设计图纸及相关文件，在建设场地上将设计意图付诸实现的测量、作业、检验并保证质量的活动。施工的作用是将设计意图付诸实施，建成最终产品。任何优秀的勘察设计成果，只有通过施工才能变成现实。因此，工程施工活动决定了设计意图能否实现，它直接关系到工程基础、主体结构的安全可靠、使用功能的实现以及外表观感能否体现建筑设计的艺术水平。在一定程度上，工程项目的施工是形成工程实体质量的决定性环节。工程项目施工所用的一切材料，如钢筋、水泥、商品混凝土、砂石等以及后期采用的装饰、装修材料要经过有资质的检测部门检验合格，才能用到工程上。在施工期间监理单位要认真把关，做好见证取样送检及跟踪检查工作，确保施工所用材料、施工操作符合设计要求及施工质量验收规范规定。

⑤ 工程项目的竣工验收阶段对工程项目质量的影响。工程项目竣工验收阶段，就是对项目施工阶段的质量进行试车运转、检查评定，考核质量目标是否符合设计阶段的质量要求。这一阶段是工程建设向生产和使用转移的必要环节，影响工程能否最终形成生产能力和满足使用要求，体现工程质量水平的最终结果。因此，工程竣工验收阶段是工程质量管理的最后一个环节。工程项目质量的形成是一个系统的过程，是工程立项、勘察设计、施工和竣工验收各阶段质量的综合反映。按照实际工作的统计，质量问题的原因分布如下：设计的问题占 40.1%；施工责任占 29.3%；材料问题占 14.5%；使用责任占 9.0%；其他占 7.1%。

5.1.1.2 施工质量管理难点与不足

(1) 质量管理体制有待进一步完善

我国现行的建设工程质量管理体制是在原有体制的基础上逐步改革完善形成的。由此形成的局部封闭管理和内部监督体系，有时会难以实行严格、公正的质量监督，不利于建立有效的制约机制，使工程质量受到影响。

（2）施工企业法律意识薄弱

《中华人民共和国建筑法》及其相关法律法规和技术规范标准的颁布实施，既明确了建筑施工企业的责任和义务，同时也明确了施工企业在工程技术、质量管理中的操作程序和规范，但一些施工企业由于法律意识淡薄，法制观念弱化，在施工活动中违反操作规程，不按图施工，不按顺序施工，技术措施不当，甚至偷工减料，由此造成部分工程质量低劣，质量事故不断发生。

（3）市场准入把关不严

市场准入制度不仅有利于市场有序管理建设，而且可以对参与建设各方从总体素质上予以控制，是保证工程质量的重要环节。如果市场准入制度管理疏漏，在施工企业中甚至出现一些违法违规情况，必然对建设工程质量构成严重威胁，从而影响建设工程质量监督管理的有效性。

（4）工程设计质量不高

个别工程设计质量受重视不足，很多业主为了省设计费，设计操作不规范，这样就带来一系列问题，如部分工程设计文件不齐全，工程结构设计计算书和图纸不吻合。部分工程的抗震概念设计考虑不周，结构体系及构造措施不尽合理，构件设计不符合规范要求等。如在某些屋面防水的设计中，带女儿墙的屋面，发现有局部泛水檐高度不够；伸缩缝出屋面墙压顶设计不合理；自由排水的屋面上，檐部不做铁皮泛水檐，而且卷材没有探出挑檐的边沿等。另外，有的厨房和卫生间设计选用空心楼板，且不做防水层；上下水管道穿越楼板不加套管等。这些都是渗漏的隐患。

（5）施工管理问题

许多工程质量问题，往往是由施工管理不当所造成。例如：不熟悉图纸，盲目施工；图纸未经会审，仓促施工；不按图施工，如把铰接做成刚接，把简支梁做成连续梁等；不按有关施工验收规范施工，如现浇混凝土结构不按规定的位置和方法任意留设施工缝等；不按有关操作规程施工；缺乏基本结构知识，施工蛮干，如将钢筋混凝土预制梁倒放安装等。

（6）施工过程通病屡禁不止

有些企业在施工过程中，没有建立健全质量控制体系，工序与工序、工种与工种之间没有严格的交接措施，前道工序留下的隐患，后道工序施工者不但不及时处理，甚至蓄意隐藏，施工管理混乱。例如预制空心楼板吊装后不经拨正就进行灌缝；所用混凝土的碎石粒度不加控制，造成天棚和地面开裂；施工现场成品和半成品乱堆乱放，随意损坏，严重地影响整体工程质量。

（7）建筑工程质量粗糙

建筑工程质量不仅关系到国家社会经济的持续健康发展，而且直接关系到广大人民群众的切身利益。有些工程质量存在屋面漏水，厨房、窗户和外墙渗水，抹灰脱落、外观粗糙马虎，表面横不平、竖不直、凹凸不平、线条弯曲、缺棱少角，框洞不周正不对称等问题，影响了建筑工程的使用寿命和使用效果。这些是近年来最困扰建筑工程的"常见病"和"多发病"，也是建筑界普遍关注的质量问题。

5.1.1.3 施工质量管理原则

(1) 坚持质量第一的原则

建筑工程质量不仅关系到建筑工程的适用性和建设项目的投资效果，而且关系到人民群众生命财产的安全。所以，监理工程师在进行投资、进度、质量三大目标控制时，在处理三者关系时，应坚持"百年大计，质量第一"的原则，在建筑工程建设中自始至终把"质量第一"作为对建筑工程质量控制的基本原则。

(2) 坚持以人为核心的原则

人是建筑工程建设的决策者、组织者、管理者和操作者。建筑工程建设中各单位、各部门、各岗位人员的工作质量水平和完善程度，都直接和间接地影响建筑工程质量，所以在建筑工程质量控制中，要以人为核心，重点控制人的素质和人的行为，充分发挥人的积极性和创造性，以人的工作质量保证建筑工程质量。

(3) 坚持以预防为主的原则

建筑工程质量控制应该是积极主动的，应事先对影响建筑工程质量的各种因素加以控制，而不能是消极被动的，等出现质量问题再进行处理，以免造成不必要的损失。所以，要重点做好建筑工程质量的事先控制和事中控制，以预防为主，加强过程和中间产品的质量检查和控制。

(4) 坚持质量标准的原则

质量标准是评价产品质量的尺度，工程质量是否符合合同规定的质量标准要求，应通过质量检验并和质量标准对照，符合质量标准要求的才是合格，不符合质量标准要求的就是不合格，必须返工处理。

(5) 坚持科学、公正、守法的职业道德规范

在建筑工程质量控制中，监理工程师必须坚持科学、公正、守法的职业道德规范，要尊重科学，尊重事实，以数据资料为依据，客观、公正地进行建筑工程质量问题处理，要坚持原则，遵纪守法，秉公监理。

5.1.2 施工单位的质量责任与义务

施工阶段是建设工程实体质量的形成阶段，勘察、设计工作质量均要在这一阶段实现。施工单位是建设市场的重要责任主体之一，它的能力和行为对建设工程的施工质量起关键性作用。

5.1.2.1 施工单位的质量责任

(1) 施工单位应当依法取得相应资质

施工单位的资质等级是施工单位建设业绩、人员素质、管理水平、资金数量、技术装备等综合实力的体现，反映了该施工单位从事某项施工作业的资格和能力，是国家对建筑市场实行准入管理的重要手段。《建筑业企业资质管理规定》（2015 年 1 月 22 日住房和城乡建设部令第 22 号）对此做了明确的规定。

施工单位必须在其资质等级许可的范围内承揽工程，禁止以其他施工单位名义承揽工程和允许其他单位或个人以本单位的名义承揽工程。

在实践中，个别施工单位因自身资质条件不符合招标项目要求的资质条件，会采取种种欺骗手段取得发包方的信任。这些施工单位一旦拿到工程，就会靠偷工减料、以次充好等非法手段赚取利润，从而给工程带来质量隐患。因此，必须明令禁止这种行为，使他们受到法律的处罚。

（2）施工单位不得转包或违法分包

根据《建筑法》《合同法》和《建筑工程质量管理条例》的规定，禁止承包单位将其承包的全部工程转包给他人；禁止承包单位将其承包的工程肢解以后，以分包的名义分别转包给他人；禁止违法分包。

对于实行工程施工总承包的，无论质量问题是由总承包单位造成的，还是由分包单位造成的，均由总承包单位负全面的质量责任。

总承包单位与分包单位对分包工程的质量承担连带责任。依据这种责任设定，对于分包工程发生的质量责任，建设单位或其他受害人既可以向分包单位请求赔偿全部损失，也可以向总承包单位请求赔偿损失。总承包单位在承担责任后，可以依法及分包合同的约定，向分包单位追偿。

（3）施工单位必须按照设计图纸施工

按工程设计图纸施工，是保证工程实现设计意图的前提，也是明确划分设计、施工单位质量责任的前提。施工过程中，如果施工单位不按图施工，或者不经原设计单位同意，就擅自修改工程设计，其直接的后果，往往违反了原设计的意图，影响工程的质量；间接后果是在原设计有缺陷或出现工程质量事故的情况下，混淆了设计、施工单位各自应负的质量责任。所以按图施工，不擅自修改工程设计，是施工单位保证工程质量的最基本要求。施工单位在施工过程中发现设计文件和图纸有差错的，应当及时向建设单位提出意见和建议。

施工单位必须按照工程设计要求、施工技术标准和合同约定，对建筑材料、建筑构配件、设备和商品混凝土进行检验，未经检验或检验不合格的，不得使用。

材料、构配件、设备及商品混凝土检验制度，是施工单位质量保证体系的重要组成部分，是保障建设工程质量的重要内容。施工中要按工程设计要求、施工技术标准和合同约定，对建筑材料、建筑构配件、设备和商品混凝土进行检验。检验工作要在规定的范围按要求进行，按现行标准规定的数量、频率、取样方法进行检验。检验的结果要按规定的格式形成书面记录，并由有关专业人员签字。未经检验或检验不合格的，不得使用；如若使用在工程上，要追究批准使用人的责任。

另外，施工人员对涉及结构安全的试块、试件以及有关材料，应在建设单位或工程监理单位监督下现场取样，并送至具有相应资质的质量检测单位进行检测。

在工程施工过程中，为了控制工程总体或相应部位的施工质量，一般依据有关技术标准，用特定的方法对用于工程的材料或构件抽取一定数量的样品，进行检测或试验，并根据结果来判断其代表部位的质量，这是控制和判断工程质量所应采取的重要技术措施。试块和试件的真实性和代表性，是保证这一措施有效的前提条件。为此，建设工程施工检测，应实行见证取样和送检制度，即施工单位在建设单位或监理单位见证下取样，送至具有相应资质的质量检测单位进行检测。见证取样可以保证取样的方法、数量、频率、规格等符合标准的要求，防止假试块、假试件和假试验报告的出现。

5.1.2.2 施工单位的质量义务

建设工程质量保修制度是指建设工程在办理竣工验收手续后，在规定的保修期限内，因勘察、设计、施工、材料等原因造成的质量缺陷，应当由施工承包单位负责维修、返工或更换，由责任单位负责赔偿损失。

① 建设工程实行质量保修制度是落实建设工程质量责任的重要措施。《中华人民共和国建筑法》《建设工程质量管理条例》《房屋建筑工程质量保修办法》（2000 年 6 月 30 日建设部令第 80 号）对该项制度的规定主要有以下两方面内容。

一方面，建设工程承包单位在向建设单位提交竣工验收报告时，应当向建设单位出具质量保修书。质量保修书应当明确建设工程的保修范围、保修期限和保修责任等。保修范围和正常使用条件下的最低保修期限为：

a. 基础设施工程、房屋建筑的地基基础工程和主体结构工程，为设计文件规定的该工程的合理使用年限；

b. 屋面防水工程，有防水要求的卫生间、房间和外墙面的防渗漏，为 5 年；

c. 供热与供冷系统，为 2 个采暖、供冷期；

d. 电气管线、给排水管道、设备安装和装修工程，为 2 年。

另一方面，其他项目的保修期限由发包方与承包方约定。建设工程的保修期，自竣工验收合格之日起计算。因使用不当或者第三方造成的质量缺陷，以及因不可抗力造成的质量缺陷，不属于法律规定的保修范围。

② 建设工程在保修范围和保修期限内发生质量问题的，施工单位应当履行保修义务，并对造成的损失承担赔偿责任。

对在保修期限内和保修范围内发生的质量问题，一般应先由建设单位组织勘察、设计、施工等单位分析质量问题的原因，确定维修方案，由施工单位负责维修。但当问题较为严重复杂时，不管是什么原因造成的，只要是在保修范围内，均先由施工单位履行保修义务，不得推诿扯皮。对于保修费用，则由质量缺陷的责任方承担。

5.1.3 施工质量控制

建筑施工是把设计蓝图转变成工程实体的过程，也是最终形成建筑产品质量的重要阶段。因而，施工阶段的质量控制自然就成为提高工程质量的关键。那么，怎样才能搞好项目的质量控制呢？

5.1.3.1 施工质量控制的原则

(1) 坚持"质量第一，用户至上"原则

建筑产品是一种特殊商品，使用年限长，相对来说购买费用较大，直接关系到人民生命财产的安全。所以，工程项目施工阶段，必须始终把"质量第一，用户至上"作为质量控制的首要原则。

(2) 坚持"以人为核心"原则

人是质量的创造者，质量控制必须把人作为控制的动力，调动人的积极性、创造性，增强人的责任感，提高人的质量意识，减少甚至避免人的失误，以人的工作质量来保证工序质量，促进工程质量的提高。

（3）坚持"以预防为主"原则

以预防为主，就是要从对工程质量的事后检查转向事前控制、事中控制；从对产品质量的检查转向对工作过程质量的检查、对工序质量的检查、对中间产品（工序或半成品、构配件）的检查。这是确保施工项目质量的有效措施。

（4）坚持"用质量标准严格检查，一切用数据说话"原则

质量标准是评价建筑产品质量的尺度，数据是质量控制的基础和依据。产品质量是否符合质量标准，必须通过严格检查，用实测数据说话。

（5）坚持"遵守科学、公正、守法"的职业规范

建筑施工企业的项目经理、技术负责人在处理质量方面的问题时，应尊重客观事实、尊重科学，正直、公正，不持偏见；遵纪守法、杜绝不正之风；既要坚持原则、严格要求、秉公办事，又要谦虚谨慎、实事求是、以理服人。

5.1.3.2 施工项目质量控制的内容

（1）对人的控制

人，是指直接参与施工的组织者、指挥者和具体操作者。对人的控制就是充分调动人的积极性，发挥人的主导作用。为此，除了加强政治思想教育、劳动纪律教育、专业技术和安全培训，健全岗位责任制、改善劳动条件外，还应根据工程特点，从确保工程质量出发，从人的技术水平、生理缺陷、心理行动、错误行为等方面来控制对人的使用。如对技术复杂、难度大、精度要求高的工序，应尽可能地安排责任心强、技术熟练、经验丰富的工人完成；对某些要求万无一失的工序，一定要分析操作者的心理活动，稳定人的情绪；对具有危险源的作业现场，应严格控制人的行为，严禁吸烟、嬉戏、打闹等。此外，还应严禁无技术资质的人员上岗作业；对不懂装懂、碰运气、侥幸心理严重的或有违章行为倾向的人员，应及时制止。总之，只有提高人的素质，才能确保建筑产品的质量。

（2）对材料的控制

对材料的控制包括对原材料、成品、半成品、构配件等的控制，就是严格检查验收、正确合理地使用材料和构配件等。应建立材料管理台账，认真做好收、储、发、运等各环节的技术管理，避免混料、错用和将不合格的原材料、构配件用到工程上去。

（3）对机械的控制

包括对所有施工机械和工具的控制。要根据不同的工艺特点和技术要求，选择合适的机械设备，正确使用、管理和保养机械设备，要建立健全"操作证"制度、岗位责任制度、"技术、保养"制度等，确保机械设备处于最佳运行状态。如施工现场进行电渣压力焊焊接长钢筋，按规范要求必须同心，如因焊接机械问题而达不到要求，就应立即更换或维修后再用，不要让机械设备或工具带病作业，给所施工的环节埋下质量隐患。

（4）对方法的控制

主要包括对施工组织设计、施工方案、施工工艺、施工技术措施等的控制，控制应切合工程实际，能解决施工难题、技术可行、经济合理，有利于保证工程质量、加快进度、降低成本。应选择较为适当的方法，使质量、工期、成本处于相对平衡状态。

（5）对环境的控制

影响工程质量的环境因素较多，主要有技术环境，如地质、水文、气象等；管理环境，如质量保证体系、质量管理制度等；劳动环境，如劳动组合、作业场所、工作面等。环境因素对工程质量的影响，具有复杂而多变的特点。如气象条件千变万化，温度、湿度、大风、严寒、酷暑都直接影响工程质量；又如，前一工序往往就是后一工序的环境。因此，应对影响工程质量的环境因素采取有效的措施予以严格控制，尤其是施工现场，应建立文明施工和安全生产的良好环境，始终保持材料堆放整齐、施工秩序井井有条，为确保工程质量和安全施工创造条件。

5.1.3.3 施工项目质量控制的方法

（1）审核有关技术文件、报告或报表

具体内容有：审核有关技术资质证明文件，审核施工组织设计、施工方案和技术措施，审核有关材料、半成品、构配件的质量检验报告，审核有关材料的进场复试报告，审核反映工序质量动态的统计资料或图表，审核设计变更和技术核定书，审核有关质量问题的处理报告，审核有关工序交接检查和分部分项工程质量验收记录等。

（2）现场质量检查

① 检查内容。包括工序交接检查、隐蔽工程检查、停工后复工检查、节假日后上班检查、分部分项工程完工后验收检查、成品保护措施检查等。

② 检查方法。检查的方法主要有：目测法、实测法、试验检查等。只要严格按5.1.3.1 和 5.1.3.2 中的五条基本原则和质量控制方法，对工程项目的施工质量进行认真控制，就一定能把高质量的建筑产品交到广大用户手中。

5.2 基于 BIM 的施工质量管理应用

5.2.1 应用流程

传统建筑行业的工作经验化、文档化程度高，缺乏对数据价值的把握和总结。随着建筑技术的高速发展和 5D BIM 技术的渗透，这种工作模式逐渐变得结构化和标准化，可依托模型数据实行精细化管理。

BIM 技术可以给项目、企业带来巨大价值。如：①精细化管理能力的提升；②技术能力的提升；③协同共享更流畅，提升了管理效率；④提前应用 BIM 技术，项目中标率的提升。具体量化的数据很难衡量，因为管理工具、信息化工具的应用价值，跟本身的管理效率也有关系，所以要更加重视如何将 BIM 应用到具体的施工中去，形成BIM 在施工中的使用流程，如图 5-1 所示。

BIM 带来的价值是一个渐进的过程，可逐渐体现，如各专业间碰撞检查、成本数据提供、项目基础数据系统部署共享、机电管线综合优化、钢筋翻样数据提供、材料采购数据提供、虚拟漫游、质量、安全风险管理、施工方案模拟优化等数十项应用价值。这是一个随着施工进度发展而不断显现的过程。BIM 的应用可短周期内看到效果，如

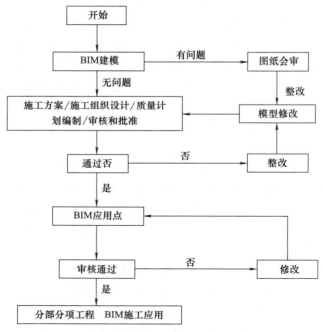

图 5-1　BIM 施工应用流程表

项目计划成本数据的校核、建模过程中大量图纸问题的发现、钢筋翻样数据三维模型的可视化交底（辅助常规技术交底）、墙体预留洞口的定位提醒，如图 5-2 所示。

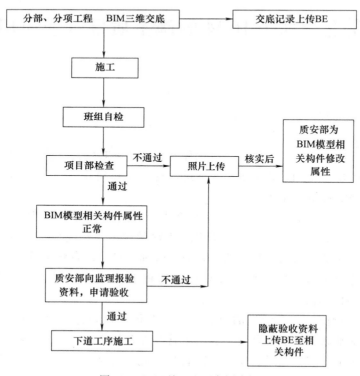

图 5-2　BIM 施工 BE 应用流程

5.2.2　应用点操作步骤

5.2.2.1　利用 iBan 进行工程质量、安全、施工协同等管理

采集现场数据，建立现场质量缺陷、安全风险、文明施工等数据资料，与 BIM 模型实时关联，iBan 登录界面如图 5-3 所示。

iBan 是 BE 系统中一项重要移动应用，主要用于工程现场质量缺陷管理，快速将现场质量、安全等问题直接反映到项目管理层，避免质量、安全隐患。

图 5-3　iBan 登录界面

登录客户端后，项目现场人员对现场的质量、安全隐患问题拍照，并且根据实际问题的不同选择系统中不同选项、轴线、工程项目等参数，将照片通过 WiFi 或者移动网络传送到系统中，如图 5-4 所示。

上传完成后，在 BE 系统的界面中，出现大量的"图钉"，项目管理人员无论在什么地方，只要打开系统点任何一个"图钉"，即可以了解项目现场的即时问题，从登录到系统查阅，可以快到几秒钟，大大缩短问题反馈时间，如图 5-5 所示。

具体部位查看，如图 5-6 所示。

利用移动终端 iBan 采集现场数据，可建立现场质量缺陷、安全隐患等数据资料，并与 BIM 模型及时关联，将问题可视化，让管理者对问题的位置及详情准确掌控，实现施工进度、质量、资源和场地的集成动态管理，且在办公室即可掌握质量安全风险因素，及时统计分析，做好纠正预防措施，确保施工顺利进行。

5.2.2.2　冲突检测及三维管线综合

(1) 目的和意义

冲突检测及三维管线综合的主要目的是基于各专业模型，应用 BIM 软件检查施工图设计阶段的碰撞，完成建筑项目设计图纸范围内各种管线布设与建筑、结构平面布置

图 5-4　iBan 照片上传界面

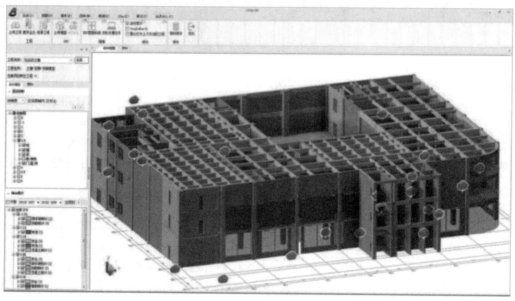

图 5-5　照片与模型构件链接

和竖向高程相协调的三维协同设计工作，以避免空间冲突，尽可能减少碰撞，避免设计错误传递到施工阶段。

图 5-6　现场与模型对比

(2) 数据准备

即准备各专业模型。

(3) 操作流程

① 收集数据，并确保数据的准确性。

② 整合建筑、结构、给排水、暖通、电气等专业模型，形成整合的建筑信息模型。

③ 设定冲突检测及管线综合的基本原则，使用 BIM 软件等手段，检查发现建筑信息模型中的冲突和碰撞。编写冲突检测及管线综合优化报告，提交给建设单位确认后调整模型。其中，一般性调整或节点的设计优化等工作，由设计单位修改优化；较大变更或变更量较大时，可由建设单位协调后确定优化调整方案。

④ 逐一调整模型，确保各专业之间的冲突与碰撞问题得到解决。

注：对于平面视图上管线综合的复杂部位或区域，宜添加相关联的竖向标注，以体现管线的竖向标高。冲突检测及三维管线综合 BIM 应用的操作流程如图 5-7 所示。

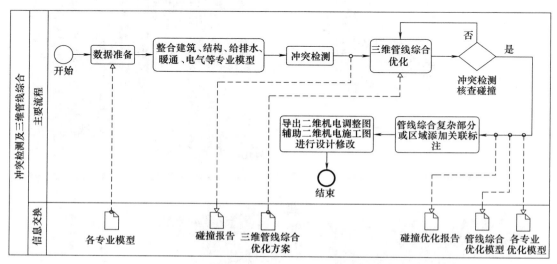

图 5-7　冲突检测及三维管线综合 BIM 应用的操作流程图

(4) 成果

① 调整后的各专业模型。各专业模型内容及其基本信息要求能够符合模型深度和构件要求。

② 优化报告。报告中应详细记录调整前各专业模型之间的冲突和碰撞，记录冲突检测及管线综合的基本原则，并提供冲突和碰撞的解决方案，对空间冲突、管线综合优化前后进行对比说明。其中，优化后的管线排布平面图和剖面图，应当精确反映竖向标高标注。

5.2.2.3　竖向净空优化

(1) 目的和意义

竖向净空优化的主要目的是基于各专业模型，优化机电管线排布方案，对建筑物最终的竖向设计空间进行检测分析，并给出最优的净空高度。

(2) 数据准备

冲突检测和三维管线综合调整后的各专业模型。

(3) 操作流程

① 收集数据，并确保数据的准确性。

② 确定需要净空优化的关键部位，如走道、机房、车道上空等。

③ 在不发生碰撞的基础上，利用 BIM 软件等手段，调整各专业的管线排布模型，最大化提升净空高度。

④ 审查调整后的各专业模型，确保模型准确。

⑤ 将调整后的建筑信息模型以及相应深化后的 CAD 文件，提交给建设单位确认。其中，对二维施工图难以直观表达的结构、构件、系统等提供三维透视图和轴测图等三维施工图辅助表达，为后续深化设计、施工交底提供依据。

（4）成果

① 调整后的各专业优化模型。各专业模型内容及其基本信息要求能够符合模型深度和构件要求。

② 碰撞优化报告。报告应记录建筑竖向净空优化的基本原则，对管线排布优化前后进行对比说明。优化后的机电管线排布平面图和剖面图，应当精确反映竖向标高标注。

5.2.2.4 虚拟仿真漫游

（1）目的和意义

虚拟仿真漫游的主要目的是利用 BIM 软件模拟建筑物的三维空间，通过漫游、动画的形式提供身临其境的视觉、空间感受，及时发现不易察觉的设计缺陷或问题，减少由于事先规划不周全而造成的损失，有利于设计与管理人员对设计、方案进行辅助设计与方案评审，促进工程项目的规划、设计、投标、报批与管理的进行。

（2）数据准备

即整合各专业模型。

（3）操作流程

① 收集数据，并确保数据的准确性。

② 将建筑信息模型导入具有虚拟动画制作功能的 BIM 软件，根据建筑项目实际场景的情况，赋予模型相应的材质。

③ 设定视点和漫游路径，该漫游路径应当能反映建筑物整体布局、主要空间布置以及重要场所设置，以呈现设计意图。

④ 将软件中的漫游文件输出为通用格式的视频文件，并保存原始制作文件，以备后期的调整与修改。

（4）成果

动画视频文件。动画视频应当能清晰表达建筑物的设计效果，并反映主要空间布置。

5.2.2.5 施工深化设计

（1）目的和意义

施工深化设计的主要目的是提升深化后建筑信息模型的准确性、可校核性。将施工操作规范与施工工艺融入施工作业模型，使施工图满足施工作业的需求。

（2）数据准备

① 施工图设计阶段模型。

② 设计单位施工图。

③ 施工现场条件与设备选型等。

（3）操作流程

① 收集数据，并确保数据的准确性。

② 施工单位依据设计单位提供的施工图与设计阶段建筑信息模型，根据自身施工特点及现场情况，完善或重新建立可表示工程实体即施工作业对象和结果的施工作业模型。该模型应当包含工程实体的基本信息。

③ BIM 技术工程师结合自身专业经验或与施工技术人员配合，对建筑信息模型的施工合理性、可行性进行甄别，并进行相应的调整优化。同时，对优化后的模型进行冲突检测。

④ 施工作业模型通过建设单位、设计单位、相关顾问单位的审核确认，最终生成可指导施工的三维图形文件及二维深化施工图、节点图。施工深化设计 BIM 应用的操作流程如图 5-8 所示。

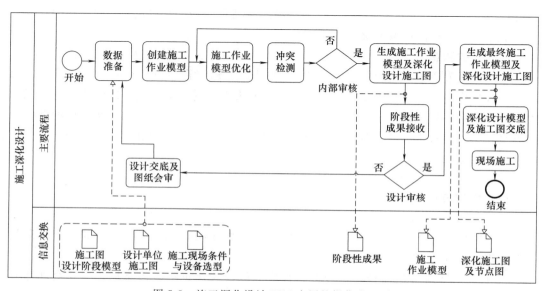

图 5-8　施工深化设计 BIM 应用的操作流程图

（4）成果

① 施工作业模型。模型应当表示工程实体即施工作业对象和结果，包含工程实体的基本信息，并清晰表达关键节点施工方法。

② 深化施工图及节点图。施工图及节点图应当清晰表达深化后模型的内容，满足施工条件，并符合政府、行业规范及合同的要求。

5.2.2.6　施工方案模拟

（1）目的和意义

在施工作业模型的基础上附加建造过程、施工顺序等信息，进行施工过程的可视化模拟，并充分利用建筑信息模型对方案进行分析和优化，提高方案审核的准确性，实现施工方案的可视化交底。

（2）数据准备

① 施工作业模型。

② 收集并编制施工方案的文件和资料，一般包括：工程项目设计施工图纸、工程

项目的施工进度和要求、可调配的施工资源概况（如人员、材料和机械设备）、施工现场的自然条件和技术经济资料等。

（3）操作流程

① 收集数据，并确保数据的准确性。

② 根据施工方案的文件和资料，在技术、管理等方面定义施工过程附加信息并添加到施工作业模型中，构建施工过程演示模型。该演示模型应当表示清楚工程实体和现场施工环境、施工机械的运行方式、施工方法和顺序、所需临时及永久设施安装的位置等。

③ 结合工程项目的施工工艺流程，对施工作业模型进行施工模拟、优化，选择最优施工方案，生成模拟演示视频并提交施工部门审核。

④ 针对局部复杂的施工区域，进行 BIM 重点、难点施工方案模拟，生成方案模拟报告，并与施工部门、相关专业分包单位协调施工方案。

⑤ 生成施工过程演示模型及施工方案可行性报告。施工方案模拟 BIM 应用的操作流程如图 5-9 所示。

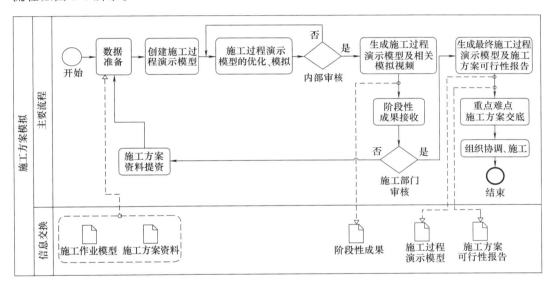

图 5-9 施工方案模拟 BIM 应用的操作流程图

（4）成果

① 施工过程演示模型。模型应当表示清楚施工过程中的活动顺序、相互关系及影响、施工资源、措施等施工管理信息。

② 施工方案可行性报告。报告应当通过三维建筑信息模型论证施工方案的可行性，记录不可行施工方案的缺陷与问题。

5.2.2.7 构件预制加工

（1）目的和意义

工厂化建造是未来实现绿色建造的重要手段之一。运用 BIM 技术提高构件预制加工能力，将有利于降低成本、提高工作效率、提升建筑质量等。

（2）数据准备

① 施工作业模型。

② 预制厂商产品参数规格。

③ 预制加工界面及施工方案。

（3）操作流程

① 收集数据，并确保数据的准确性。

② 与施工单位确定预制加工界面范围，并针对方案设计、编号顺序等进行协商讨论。

③ 获取预制厂商产品的构件模型，或根据厂商产品参数规格，自行建立构件模型库，替换施工作业模型原构件。建模应当采用适当的应用软件，以保证后期执行必要的数据转换、机械设计及归类标注等工作，将施工作业模型转换为预制加工设计图纸。

④ 施工作业模型按照厂家产品库进行分段处理，并复核是否与现场情况一致。

⑤ 将构件预装配模型数据导出，进行编号标注，生成预制加工图及配件表，施工单位审定复核后，送厂家加工生产。

⑥ 构件到场前，施工单位应再次复核施工现场情况，如有偏差应当进行调整。

⑦ 通过构件预装配模型指导施工单位按图装配施工。构件预制加工 BIM 应用的操作流程如图 5-10 所示。

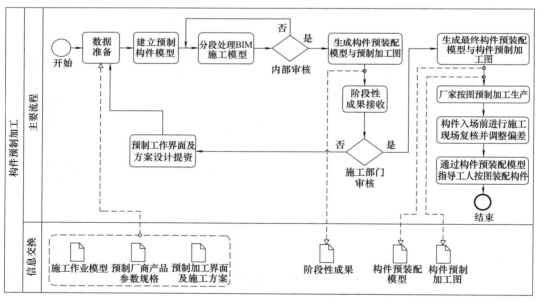

图 5-10　构件预制加工 BIM 应用的操作流程图

（4）成果

① 构件预装配模型。模型应当正确反映构件的定位及装配顺序，能够达到虚拟演示装配过程的效果。

② 构件预制加工图。加工图应当体现构件编码，达到工厂化制造要求，并符合相关行业出图规范。

5.2.2.8 虚拟进度与实际进度比对

(1) 目的和意义

基于 BIM 技术的虚拟进度与实际进度比对主要是指通过方案进度计划和实际进度比对，找出差异，分析原因，实现对项目进度的合理控制与优化。

(2) 数据准备

① 施工作业模型。

② 编制施工进度计划的资料及依据。

(3) 操作流程

① 收集数据，并确保数据的准确性。

② 将施工活动根据工作分解结构（WBS）的要求，分别列出各进度计划的活动（WBS 工作包）内容。根据施工方案确定各项施工流程及逻辑关系，制订初步施工进度计划。

③ 将进度计划与三维建筑信息模型关联，生成施工进度管理模型。

④ 利用施工进度管理模型进行可视化施工模拟。检查施工进度计划是否满足约束条件、是否达到最优状况，若不满足，需要进行优化和调整，优化后的计划可作为正式施工进度计划。经项目经理批准后，报建设单位及工程监理审批，用于指导施工项目实施。

⑤ 结合虚拟设计与施工（VDC）、增强现实（AR）、三维激光扫描（LS）、施工监视及可视化中心（CMVC）等技术，实现可视化项目管理，对项目进度进行更有效的跟踪和控制。

⑥ 在选用的进度管理软件系统中输入实际进度信息后，通过实际进度与项目计划间的对比分析，发现两者之间的偏差，分析并指出项目中存在的潜在问题。对进度偏差进行调整以及更新目标计划，以达到多方平衡，实现进度管理的最终目的，并生成施工进度控制报告。虚拟进度与实际进度比对 BIM 应用的操作流程如图 5-11 所示。

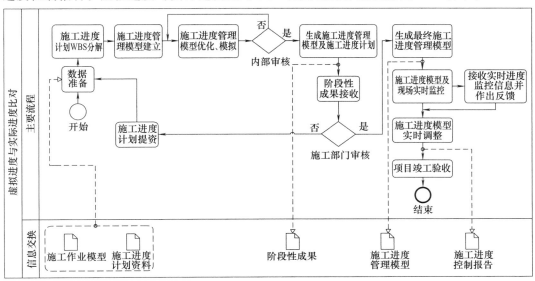

图 5-11　虚拟进度与实际进度比对 BIM 应用的操作流程图

（4）成果

① 施工进度管理模型。模型应当准确表达构件的外表几何信息，施工工序，施工工艺及施工、安装信息等。

② 施工进度控制报告。报告应当包含一定时间内虚拟模型与实际施工的进度偏差分析。

5.2.2.9　工程量统计

（1）目的和意义

从施工作业模型获取的各清单子目工程量与项目特征信息，能够提高造价人员编制各阶段工程造价的效率与准确性。

（2）数据准备

① 施工作业模型。

② 构件参数化信息。

③ 构件项目特征及相关描述信息。

④ 其他相关的合约与技术资料信息。

（3）操作流程

① 收集数据，并确保数据的准确性。

② 针对施工作业模型，加入构件参数化信息与构件项目特征及相关描述信息，完善建筑信息模型中的成本信息。

③ 利用 BIM 软件获取施工作业模型中的工程量信息，得到的工程量信息可作为建筑工程招投标时编制工程量清单与招标控制价格的依据，也可作为施工图预算的依据。同时，从模型中获取的工程量信息应满足合同约定的计量、计价规范要求。

④ 建设单位可利用施工作业模型实现动态成本的监控与管理，并实现目标成本与结算工作前置。施工单位根据优化的动态模型实时获取成本信息，动态合理地配置施工过程中所需的资源。工程量统计 BIM 应用的操作流程如图 5-12 所示。

（4）成果

工程量清单。工程量清单应当准确反映实物工程量，满足预结算编制要求，该清单不包含相应损耗。

5.2.2.10　设备与材料管理

（1）目的和意义

运用 BIM 技术达到按施工作业面配料的目的，实现施工过程中设备、材料的有效控制，提高工作效率，减少不必要的浪费。

（2）数据准备

① 施工作业模型。

② 设备与材料信息。

（3）操作流程

① 收集数据，并确保数据的准确性。

② 在施工作业模型中添加或完善楼层信息、构件信息、进度表、报表等设备与材料信息。建立可以实现设备与材料管理和施工进度协同的建筑信息模型。该模型应当可追溯大型设备及构件的物流与安装信息。

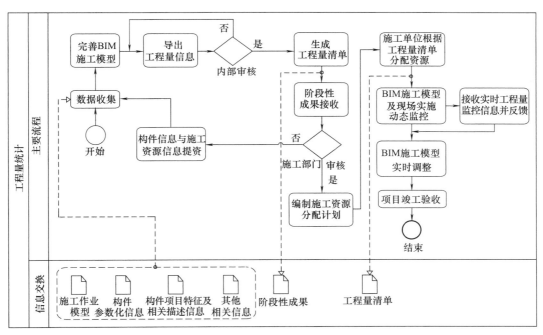

图 5-12　工程量统计 BIM 应用的操作流程图

③ 按作业面划分，从建筑信息模型输出相应的设备、材料信息，通过内部审核后，提交给施工部门审核。

④ 根据工程进度实时输入变更信息，包括工程设计变更、施工进度变更等。输出所需的设备与材料信息表，并按需要获取已完工程消耗的设备与材料信息，以及下个阶段工程施工所需的设备与材料信息。设备与材料管理 BIM 应用的操作流程如图 5-13 所示。

（4）成果

① 施工设备与材料的物流信息。在施工实施过程中，应当不断完善模型构件的产品信息及施工、安装信息。

② 施工作业面设备与材料表。建筑信息模型可按阶段性、区域性、专业类别等方面输出不同作业面的设备与材料表。

5.2.2.11　质量与安全管理

（1）目的和意义

基于 BIM 技术的质量与安全管理是通过现场施工情况与模型的比对，以提高质量检查的效率与准确性，并有效控制危险源，进而实现项目质量、安全可控的目标。

（2）数据准备

① 施工作业模型。

② 质量管理方案、计划。

③ 安全管理方案、计划。

（3）操作流程

① 收集数据，并确保数据的准确性。

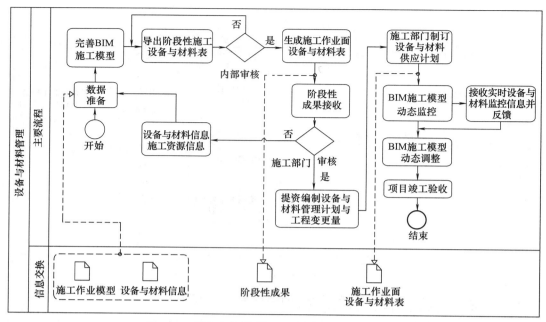

图 5-13　设备与材料管理 BIM 应用的操作流程图

② 根据施工质量要求、安全方案修改、完善施工作业模型，生成施工安全设施配置模型。

③ 利用建筑信息模型的可视化功能，准确、清晰地向施工人员展示及传递建筑设计意图。同时，可通过 4D 施工过程模拟，帮助施工人员理解、熟悉施工工艺和流程，并识别危险源，避免由于理解偏差造成施工质量与安全问题。

④ 实时监控现场施工质量、安全管理情况，并更新施工安全设施配置模型。

⑤ 对出现的质量、安全问题，在建筑信息模型中通过现场相关图像、视频、音频等方式关联到相应构件与设备上，记录问题出现的部位或工序，分析原因，进而制定并采取解决措施。同时，收集、记录每次问题的相关资料，积累对类似问题的预判和处理经验，为日后工程项目的事前、事中、事后控制提供依据。质量与安全管理 BIM 应用的操作流程如图 5-14 所示。

(4) 成果

① 施工安全设施配置模型。模型应当准确表达大型机械安全操作半径、洞口临边、高空作业防坠保护措施，现场消防及临水临电的安全使用措施等。

② 施工质量检查与安全分析报告。施工质量检查报告应当包含虚拟模型与现场施工情况一致性比对的分析，而施工安全分析报告应当记录虚拟施工中发现的危险源与采取的措施，以及结合模型对问题的分析与解决方案。

5.2.2.12　竣工模型构建

(1) 目的和意义

在建设项目竣工验收时，将竣工验收信息添加到施工作业模型，并根据项目实际情况进行修正，以保证模型与工程实体的一致性，进而形成竣工模型，以满足交付及运营的基本要求。

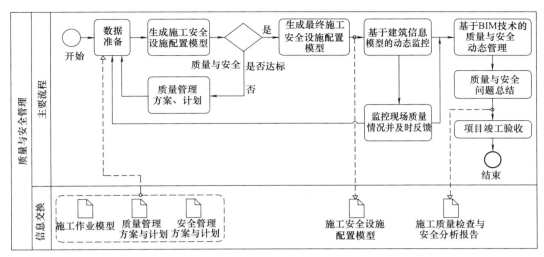

图 5-14　质量与安全管理 BIM 应用的操作流程图

（2）数据准备

① 施工作业模型。

② 施工过程中的修改变更资料。

（3）操作流程

① 收集数据，并确保数据的准确性。

② 施工单位技术人员在准备竣工验收资料时，应当检查施工作业模型是否能准确表达竣工工程实体，如表达不准确或有偏差，应当修改并完善建筑信息模型相关信息，以形成竣工模型。

③ 所需的竣工验收资料宜通过 BIM 软件导出或自动生成。

（4）成果

① 竣工模型。模型应当准确表达构件的外表几何信息、材质信息、厂家信息以及施工安装信息等。其中，对于不能指导施工、对运营无指导意义的内容，不宜过度建模。

② 竣工验收资料。资料应当通过模型输出，包含必要的竣工信息，作为竣工资料归档的重要参考依据。

<h2 style="text-align:center">思 考 题</h2>

1. 建筑工程及其生产的特点有哪些？

2. 工程项目施工阶段对工程项目质量的影响有哪些？

3. 施工过程中常见的质量问题有哪些？应当怎样避免？

4. 施工质量管理的原则一般包括哪些内容？

5. 施工单位的质量责任与义务有哪些？

6. 施工质量控制的原则一般包括哪些内容？

7. 施工质量控制的控制方法有哪些？

8. 简述基于 BIM 的施工质量管理应用流程与操作步骤。

第6章
基于BIM技术的
施工成本管理

本章要点

施工成本管理

基于 BIM 的施工成本管理应用

6.1　施工成本管理

6.1.1　施工成本管理概述

6.1.1.1　施工成本管理的定义

建设工程项目成本管理就是在完成一个项目的过程中，通过有组织、系统化地对所发生的成本费用支出进行科学的预测、计划、控制、核算、分析和考核等综合性管理工作，旨在降低成本。管理过程涉及项目整个寿命期，即包括决策阶段的管理、实施阶段的管理和使用阶段（或称运营阶段）的管理，并涉及参与各个单位的管理。项目成本管理的核心在施工阶段，施工阶段在整个建设工程管理中占据的时间跨度最长，投入的资源也最多，涉及的各参与方也最为全面，工艺也最为繁杂。所以，此阶段成本管理对整个项目成本管控来说最为复杂，也最关键。

施工成本管理贯穿于包括施工前、施工阶段和竣工结算阶段项目实施的全过程，是施工企业为实现项目目标，在项目施工过程中，对所发生的成本支出，系统地进行管理工作的总称。工程施工成本管理的本质就是在保证工程安全顺利进行并确保工程质量达标的前提下，对工程的工期、材料进行有效的控制，从而达到施工成本有效控制的目的。工程施工成本管理是否有效直接影响着工程项目是否盈利，并影响着工程施工企业的经济效益。对于施工企业来说，做好工程施工成本管理工作有利于提升企业的经济效益和整体实力，从而实现施工企业的可持续发展。

施工前成本管理阶段的主要内容是对建设施工项目的预算和采购资金进行管理：预算部分的成本管理又包括对项目的工程量和价格两部分的管理；采购资金管理指中标后用预付款对项目所需建筑材料、构配件、设备等物资进行采购。施工项目预算作为施工企业的投标报价，同时也为项目成本管理目标的制定提供依据。

施工阶段成本管理主要是对施工过程中所发生的直接、间接成本信息进行综合管理，使工程项目系统内各种要素按照一定的目标运行，从而将工程项目的实际成本控制在预定的计划成本范围内，并进一步寻求最大限度的成本节约。施工过程中要做好变更、索赔、签证等管理工作，每月按照实际工程量领取进度款。

竣工结算成本管理阶段主要是对项目款项进行一系列的结算工作。项目全部竣工后，发承包双方根据现场施工记录、设计变更通知书、现场变更鉴定、定额预算单价等资料，进行合同价款的增减或调整计算。竣工结算应按照合同有关条款和价款结算办法的有关规定进行，若有出入，以价款结算办法的规定为准。

6.1.1.2　施工成本管理的难点

这些年，我国的经济得到了较快的发展，使得人民的生活质量得到明显的改善。建筑物不仅要在使用功能上，而且还要在外观和舒适度上满足大家的要求，这对建设项目提出了更高的要求。但是，建设施工企业在工程项目的成本管理中，仍然存在着很多问题。

（1）施工准备阶段

① 投标报价精确度不高。传统招投标阶段的成本预测对人的依赖性很大，施工企业需要根据工程项目招标文件（包括招标文件、答疑、工程量清单、图纸等）对项目成本进行初步的估算。投标人一般都会对招标文件中的工程量按照设计图纸进行核对，现在招标文件一般都是二维的 CAD 图纸，预算人员只能根据图纸对项目进行计算并手工录入。然而，手工的计算和录入不仅效率低下，准确率也不高。传统的 CAD 图纸，造价人员通常会花费大量的时间去设定图纸中线条的属性，才可基本实现半自动化的算量，但是目前很多的图纸绘制不规范；另外，由于工程量统计较为烦琐，手工统计工程量时极易出错，如果遇上较大工程量的项目，通过 CAD 图纸预测成本目标经常有较大的偏差。

② 施工组织设计欠优化。施工组织设计是工程建设前期用来对工程进行施工控制的，它是对建筑工艺、建筑流程以及施工队伍作出合理规划的设计文件，是指导项目招投标、签订项目合同、施工阶段准备和施工全过程的技术与经济文件。作为项目合同管理的文件，要求能够提出针对工程施工中进度控制、质量控制、成本控制等的目标及技术组织措施。但现阶段其主要问题表现在以下几个方面：

a. 主要施工方法不符合工程实际情况；

b. 引用的规范文件不符合现行标准；

c. 组织结构体系不健全；

d. 流水段的划分和实际不符；

e. 施工平面图的绘制不符合制图规范；

f. 施工发生变化，没有及时进行调整和审批。

所以，针对以上可能出现的问题，编制施工组织设计方案主要应注意以下几点：工程概况及特点分析；分析和概要说明本工程性质、规模、建设地点、承建方式、建筑与结构特点、分期分批交付使用的期限、建设单位的要求和可提供的条件，本地区气候、地形、地质、水文和交通运输情况，施工力量、施工条件、资源供应情况等，并找出本工程的主要施工特点。

（2）施工阶段

① 图纸错误不易识别。施工单位从设计院获取二维图纸和设计说明之后进行各项准备工作。而在设计阶段，各专业图纸是不同专业的设计人员分别进行设计的，经常在施工过程中会遇到设计与实际施工不符合的情况，需要再次进行修改和变更。对于施工单位来说，在拿到图纸的时候，由于每个管理人员和施工人员的素质参差不齐，很难保证依靠工程经验就识别出图纸中已有的不利于实际施工的所有错误之处，只能是在之后的施工过程中遇到问题了再进行汇报和反馈，这种盲目性增加了工期成本。

② 施工物资统筹困难。材料价格是构成工程造价的主要因素，一般施工中材料费占到项目全部工程费用的 $65\%\sim75\%$。要做好工程项目的成本控制，实现预定的经济效益目标，首要就要控制好材料成本，从耗用量及采购价两个方向同时着手，搞好材料管控工作，而这却正是目前施工成本管理中一个比较薄弱的环节。

一方面，在目前实际工作中，由于期初工程预算数据的错误或者施工过程中的变更，导致材料需用计划不准确，采购浪费的现象经常发生；同时由于材料管理人员不能及时更新材料的计划数据，使得材料控制中最关键的限额领料制度往往因缺乏依据而形同虚设，无法有效地控制材料的发放和领用，导致施工实际消耗量超预算的情况比比皆是。另一方面，当前的材料市场价格波动较大，项目物资采购因为管理方法落后，历史数据收集不完备，未能紧跟市场变化，导致材料采购的时机不佳，造成采购价超出预算价的情况经常发生，使占施工成本最大比例的材料成本控制陷于非常不利的境地。

③ 工程变更引发争议。建设施工的施工周期长，涉及的经济、法律关系复杂，同时受环境等客观因素的影响大，导致施工的情况与项目招标投标时的情况相比会发生一些变化。一项对某银行贷款项目实施情况的统计数据表明：工程变更金额往往要占到工程结算总价的15%左右，工程变更管理是施工成本的过程管理的重点环节。

但是，目前工程变更的内容往往没有位置的信息和历史变更数据，今后追溯和查询非常麻烦，既容易引发结算争议，也容易因为管理不善而遗忘索赔，造成应得的索赔收入减少。主要原因有：一是目前工程变更的计算多靠人工手算，耗时费力且难以保证可靠性，造成变更预算的编制压力大，甚至出现因编制不及时贻误最佳索赔时间，导致无法按合同约定进行索赔的困难局面；二是当前的工程变更资料多为纸质的二维图纸，不能直观形象地反映变更部位的前后变化，容易造成变更工程量的漏项和少算，或在结算时产生争议，造成最终的索赔收入减少。

（3）竣工交付阶段

① 工程结算过程复杂。竣工交付阶段的竣工结算涉及大量的工程造价数据和信息，如果使用传统方法进行处理，则相当烦琐。以往的成本管理，各个阶段的信息没有很好地使用，以致不断流失信息数据，形成了很多个信息孤岛，主要原因是缺乏一种能够创立并管理信息的技术。

当前项目运行时用到的相关软件，每个软件只针对某一块，各个软件间缺乏统一的数据接口，导致各个软件之间无法共享和利用信息，也无法对信息进行集成。尽管当前个别成本管理信息系统有相应的管理平台可以使用相应的软件，但是各个软件间缺乏集成成本管理信息的相关技术，导致后期历史数据收集比较困难，整个过程资金利用情况也难以准确核实，容易引起各种扯皮现象。

② 工程算量精度不高。工程量计算在工程的施工成本管理中属于基础性的前提条件，也是其中最为烦琐且最耗费时间的一道工序。目前，传统工程量计算方式已经难以满足工程规模愈加复杂以及异形构件快速增加的需要。而市场上出现的计算机辅助算量软件虽然一定程度上提高了算量工作的效率，但由于图纸仍需人工二次输入，且施工上下游的图纸模型之间不能实现复用，并不能完全解决成本管理人员工作强度过大且工效不高的问题。

此外，无论是手工算量还是使用算量软件，手工操作仍占比极大，因而出错概率很高，同时由于描述困难且缺乏严谨的数学模型，异形构件和复杂建筑物的工程量计算困难，因而目前的工程量计算普遍误差大，对成本管理的准确性造成了很大影响。

因此，作为成本管理中最关键的一环，工程量的计算迫切需要引进新的方法和工具来提高计量工作的效率和准确性，为实现整个成本控制工作的高效率和精细化打下良好基础。

6.1.1.3　施工成本管理的原则

施工成本管理是企业成本管理的基础和核心，施工项目经理部在项目施工过程中进行成本管理时，必须遵循以下基本原则。

（1）成本最低化原则

工程施工成本管理最基本的原则就是在保证工程安全及工程质量达标的前提下能够对施工成本进行严格控制，确保工程施工成本最低化。工程施工过程中很容易受到各种因素的影响，从而增加工程施工的成本，但不管是主观因素还是客观因素引起工程施工成本增加，都要尽可能地让工程施工成本最低。

（2）全面成本管理原则

长期以来，在施工项目成本管理中，存在"三重三轻"问题：一是重实际成本预算和分析，轻全过程的成本管理和对其影响因素的控制；二是重施工成本的计算分析，轻采购成本、工艺成本、质量成本；三是重财会人员的管理，轻群众性的日常管理。

成本管理控制是工程建设中最重要的一个环节，在工程项目建设初期就需要制订出完善的工程项目建设成本控制措施，在工程施工过程中一定要全面控制成本。所谓的全面成本管理是指全企业、全员和全过程的管理，亦称"三全"管理。工程在施工过程中需要对施工材料、施工进度等作出明确要求，一定要控制好工程工期及工程材料价格，尽可能缩短工期，避免材料浪费，这是工程成本全面控制的最关键因素。

（3）成本责任制原则

成本责任制的关键是划清责任。为了实行全面成本管理，必须对施工项目成本进行层层分解，以分级、分工、分人的成本责任分别作保证。施工项目经理部应对企业下达的成本指标负责，班组和个人应对项目经理部的成本目标负责，以做到层层保证，定期考核评定。可以给予成本控制合理的部门一定的奖励，让各个部门都能加入成本控制的工作中来，这样才能有效地控制好项目成本。

（4）动态成本管理原则

对事先设定的成本目标及应对措施的实施过程，自始至终地进行监督、检查、控制、纠偏。

（5）成本管理有效化原则

所谓成本管理有效化，主要有两层意思：一是促使施工项目经理部以最少的投入，获得最大的产出；二是以最少的人力和财力，完成最多的管理工作，提高工作效率。

6.1.2　施工成本计划

施工成本计划是项目经理部对项目施工成本进行计划管理的工具，它涵盖了从开工到竣工所必需的施工成本，是以货币形式编制施工项目在计划期内的生产成本、成本水平、成本降低率以及为降低成本所采取的主要措施和规划的书面方案；是建立施工项目成本管理责任制、开展费用控制和核算的基础；是设立目标成本的依据；是施工项目降低成本开支，达到预期经济效果的成本实施计划或技术经济性指导文件。

成本计划是成本管理责任制、成本控制和成本核算的基础，是施工项目降低成本的指导性文件，是目标成本的依据和形式之一。

根据施工图预算或投标报价（商务标）文件和与项目相关的各类合同，对照责任成本，按工程预算分部或对节点部位进行结构分解，结合项目自身情况，编制项目实施期的成本计划，建立成本风险控制点，制订成本控制措施，并进行备案。

制订成本计划时，按间接费、规费、税金等有关文件进行计算、归类、汇总。同时，可以将直接工程综合单价按工程所在地实际的人工费、材料费、机械设备租赁费、周转材料价格计入计划编制中。

① 熟悉招投标文件及施工合同、施工图，结合投标报价，做好图纸会审工作。

② 通过多方案技术经济指标的分析比较，优选经济、合理的施工方案。

③ 按照施工合同和招投标文件等相关资料，核对工程量清单或编制施工图预算，进行实物消耗量分解，将相关数据输入 BIM 管理系统。该项工作由项目核算员在工程中标后一个月内或主体施工前组织完成。

④ 结合工程所在地各类施工物资及劳动力等的市场行情，参考消耗量定额及实际施工消耗水平，确定各子目目标成本的消耗量及单价。

⑤ 工程中标后一个月内或主体施工前，由分公司组织项目部填写《项目基本情况表》，进行《项目总成本计划表》编制，成本管理部对其内容进行审核。重大风险项目的总成本计划由集团成本管理部负责审批，并对重大风险项目进行成本抽样跟踪检查。

⑥ 项目部根据总施工计划，按月（季）或节点将总成本计划进行分解，明确各岗位、各作业层的月（季）或节点成本控制计划目标。

6.1.3 施工成本控制

施工成本控制是指在满足工程承包合同条件的前提下，在施工过程中对影响施工项目成本的各种因素加强管理，并采取各种有效措施，将施工中实际发生的各种消耗和支出严格控制在成本计划范围内，随时提示并及时反馈，严格审查各项费用是否符合标准，计算实际成本和计划成本之间的差异并进行分析，保证施工项目成本控制在计划之内。施工阶段的成本管理主要有以下几个关键点。

(1) 建设项目合同管理

项目合同是工程施工的主要合同，它确定企业在工程中的主要权利和义务，将工程招标投标、工程价款的支付方式、索赔流程、材料的采购、竣工结算方式等用法律的形式确定下来，是建筑单位组织施工、进行项目检验的法律依据。由于建设工程整个过程投资资金巨大、施工工期长、涉及购买原材料种类多、过程工序复杂、质量要求严格等的特点，在施工建设过程中经常要与相关设计单位保持良好的沟通，所有这些情况都决定了施工的项目合同需要涉及的内容多而复杂。所以，要有效控制建设工程的造价，提高建筑单位的利润，需要从项目合同管理入手，加强对施工合同的管理。

(2) 施工组织方案优化

在施工单位进行施工前，要结合施工图纸及具体现场情况、单位本身具备的设备、建设经验、管理能力和技术验收标准，编制符合实际、切实可行的施工方案。施工方案根据整个工程施工情况的不同而不同，一个好的施工方案能指导施工单位合理利用人财物各项资源，以最少投入满足合同要求，这就要求施工单位必须合理组织施工，节约成本，努力在管理中出效益。

（3）施工阶段物料管理

合理安排材料、设备的购置，控制材料费用是施工过程把控造价的关键。材料价格是构成工程造价的主要因素，选用材料是否合理，对降低工程造价起着重要的作用。在施工中做好计划，要充分考虑资金的合理利用，配合现场场地实际情况以及工程进度需要，合理安排施工机械进场，特别要注意材料的放置，以免出现材料在保管中因违规堆放出现损坏现象，避免不必要的浪费，减少工程成本，提高企业利润。

（4）施工阶段工程变更

在工程项目实施过程中，频繁发生的工程变更对竣工结算有较大影响，是事中成本控制的重点，其中存在设计变更、工程量变更、施工条件变更、进度计划变更、工程量清单增项减项等；对应于成本模型而言则是更新相关数据，例如层高、新增工作范围、新增施工成本的测算、调整不同路线上活动的资源配置与施工工艺、压缩活动持续时间、增减分项工程量清单及其数额等。

（5）竣工阶段工程结算

工程结算是指承包方按照合同约定，向建设单位办理已完工程价款的清算文件。它在建设工程竣工决算报告中充当重要角色，是基本建设项目经济效果的全面反映，是工程造价合理确定的重要依据，工程结算书不仅直接关系到建设方与施工方之间的利益关系，也关系到项目工程造价的实际结果。实践证明，通过对工程项目结算的审查，一般情况下，经审查的工程结算较编制的工程结算价款相差10％左右，有的高达20％。因此工程结算对控制投入、节约资金起到很重要的作用。

正是因为施工阶段的工程造价控制十分重要，因此，施工单位在项目合同及工程结算时，要立足现场，强化控制，寻找进度、质量和资金的最佳结合点，规范过程签证行为，提高企业施工阶段的过程造价控制管理，使单位获得满意的效益。

6.2 基于 BIM 的施工成本管理应用

6.2.1 造成传统成本管理困难的原因

（1）成本管理与市场的脱节

在我国的建筑业施工成本管理中依然广泛地使用以定额为核心的工程价格管理体系。在这种机制下，工程的计价都必须依据各省市区或行业的工程成本管理机构所编制的同一套预算定额和同样的调价指数来计算。为方便管理，至今仍有很多行业和地方要求在工程招标中继续用本行业或本地的统一定额，即便依法需要选择清单招标时也会强制要求把清单和定额捆绑使用。

由于国家、行业和地区定额的普遍使用，目前我国建立了企业定额的施工单位极少，而使用统一定额所计算出来的预算只能反映该地区或者行业内市场平均成本，并不能体现出某一特定单位的自身管理水平和项目施工中的实际耗费，违背了市场经济规律，限制了公平竞争，也影响了我国建筑企业通过提高成本管理水平增加效益并发展壮大的积极性。

总之，现行体制下所产生的成本管理和市场脱节现象，对工程的成本管控而言是一个极大的负面因素，使得工程的预算成本偏离了实际的投入，不利于项目的管理团队控制和把握施工成本。

（2）成本数据共享协同困难

目前我国的施工成本管理主要停留在项目的特定阶段、单个岗位及单个项目的应用上。在当前的管理模式下，成本管理人员获取的数据一般不能实现与内部人员的共享，更无法实现成本管理部门与其他部门和岗位人员的协同办公，这就造成各部门和岗位之间各自为政的现象，沟通和协调效率低下，也不能保证数据的准确性和实时性，影响了施工成本管理的工作质量。

此外，工程项目在施工过程中涉及众多工程软件，在创建、管理及共享成本管理信息时缺乏统一的平台，各个专业之间不能够非常好地共享信息，没有发挥出信息的实际价值；每个阶段的信息无法彼此利用和衔接，也无法避错和更改，导致无法较好地使用其他阶段的数据信息，没有实现不同软件间的交换和共享，限制了软件价值的发挥，进而影响了成本管理的发展。

（3）成本管理体制不尽完善

工程施工成本管理是一项非常复杂的工作，工程工期、工程材料价格、工程材料使用情况、人工费、机械设备费、水费电费等都会影响到工程施工成本。例如，人工成本如果控制不好，就会出现施工人员拖延的现象，就会间接影响到工程进度，进而增加人工成本支出；工程材料浪费是工程施工过程中最经常出现的问题，很多的物资管理部门不能有效地管理工程材料，致使施工单位多领多用，极大地增加施工成本；工程施工管理人员协调不到位，不能科学、合理安排机械设备的使用，就会造成机械设备的闲置，这样会增加机械设备租赁费用，或者因机械设备超负荷工作提高机械设备的维修费用，也会相应地增加工程的施工成本；另外，工程施工过程中会大量地用水用电，很多施工单位不注意节约，造成水电资源的巨大浪费，从而增加工程施工成本。如果成本的监管制度不健全，便无法进行责任追究，造成成本管理失控。

（4）成本管理人员水平较低

当前的建筑施工企业中，缺乏综合素质较高的施工管理人员，多数人员熟悉工程施工技术，而对成本管理工作并不精通。随着建筑行业市场向着日益规范化的方向发展，建筑行业对高水平的专业人才需求（数量和质量）也日益增加。但是，很多企业在培养建筑施工人才方面还存在很多不足，加上受到其他条件的限制，导致从事成本管理的人员专业水平较低。这样在施工成本管理过程中就会由于知识体系不全面而无法解决很多实际问题，使工程施工企业的成本管理与控制工作受到影响，工作质量大打折扣。

（5）轻视施工成本动态管理

当前的施工成本管理模式下，施工管理人员工作重心在成本核算，忽略了事前、事中控制，这也与施工成本管理向过程管理发展背道而驰。另外，我国市场庞大，成本预算的工作面临很大的挑战。材料的型号和品种纷多复杂，材料价格随时波动变化，指导价格与市场价格不能及时同步，因此造成工程造价结果与市场的实际价格相差很大。由于施工成本数据信息很难实时收集、更新并进行分析处理，不能及时纠偏，导致施工成本增加。对于施工过程数据信息的轻视也致使施工方对施工过程成本数据的积累不够准确，制约了施工成本管理水平的提升。

6.2.2　BIM 技术用于施工成本管理的优势

当今全球信息技术得到飞速的发展，信息技术也直接推动了社会的进步。BIM（Building Information Modeling）就是近年来出现在建筑业中一项新的信息技术。它通过软件建立数字信息模型，仿真模拟建筑物所具有的真实信息，方便各参与方的横向信息掌控和纵向信息交流，使项目的各参与方实现在各个阶段的数据共享，更好地进行协作和沟通交流。同时，BIM 技术在很大程度上能使风险管理的集成化程度提高，从而提高工程造价风险管理的效率，有效地控制各种不可预见因素，有利于工程造价风险管理全面、系统、高效地开展，为建筑企业带来效益。其优势主要体现在以下几方面。

（1）工程算量快速准确

对于施工成本管理而言，无论是工程预算报价、进度款支付，还是变更签证、工程结算，都需要以精确的工程量统计计算数据作为基础。有关研究表明，工程量计算所花费的时间占到了整个成本管理过程的 50%～80%。一直以来，不管是手工算量还是将图纸导入算量软件中计算，都需要耗费成本管理人员大量的时间和精力，而人为原因造成的数据差错更是比比皆是。

基于 BIM 模型的参数化和智能化特征，并借助模型中集成的计算规则和进度、流水段划分等信息，系统可以按照不同成本管理工作的需要，依据分包、时间、部位等不同维度来进行工程量的统计汇总和输出，大大提高了算量效率，将成本专业人员从烦琐机械的工作中解放出来，省出很大一部分时间与精力来做造价分析等更有价值的工作。同时，由于系统是基于完整的计算规则和科学的数学方法来进行工程量的计算，避免了人为误差的影响，因此获得的计量数据比传统的方法更为客观准确。

（2）大大提高协同效率

不同参与方通过相同的平台建立 BIM 数据，使用相同的标准表达建筑物的体系以及组成要素，进而能够提供非常健全的共享信息。相同平台集成的模型能够在所有的参与者间彼此协调作业，构建出实时有效的沟通合作平台，能够规避模型构建冲突，最大限度地减少由于设计文件出现问题带来的后期工程设计变动的风险。

另外，在施工阶段，使用 BIM 模型，能够及时地记录施工进度以及现场状况，将施工过程中发生的变更以及签证等状况及时地记录下来，有助于业主通过清单计价模式来进行精细化管理，严格把控承包单位的施工情况。如果存在设计更改，建设单位能够通过远程方式向设计单位求助，及时解决实际问题，最终能够将由于设计改变产生的损失降到最低。

（3）信息传递客观准确

由于建设项目施工阶段有着不一样的工作主体，使用的软件不一样，只能分别保存各自的数据信息，各主体间的沟通面临着很大的问题，因此，在信息传递的过程中各个阶段都会存在信息的流失。但是，通过 BIM 模型可以将项目信息整合到相同的数据模型里面，这样就基本解决了数据转换不方便、版本不一样以及数据库资料不完整等问题。所以，与以往的模式相比，BIM 模型能够极大地减少信息流失。

如今建设项目的规模越来越大，越来越复杂，大大增加了项目的全寿命周期风险，而且风险管理的要求更严格，对行业的发展产生了较大的影响。如今建筑业信息化得到了飞速发展，很多先进的信息技术逐步应用到制造业中，都收到了很好的效果。

（4）可视化模拟和管理

传统的 CAD 技术主要是二维平面设计，缺乏立体空间感，没有展现出工程项目的整个情况以及内部结构，而 BIM 技术完全超过了以往的三维建模和 CAD 技术，是一种功能很强的计算机工具软件，BIM 技术有着以往所有软件都不具备的特点。

由于 BIM 有着可视化的特点，集成了工程建设项目施工阶段的全部数据信息，而且能够提供施工过程相关的变动数据信息，例如项目进度、施工质量、施工成本以及已经完成的工程量等，还能计算出劳动力投入曲线、机械台班投入曲线，使其作为施工现场任务安排的依据，进而使得施工成本管理更加科学、更加精细。

（5）支持动态成本控制

施工成本管理中的多算对比是能及时暴露问题并进行处理以降低工程成本的关键一环。多算对比经常需要进行工序、时间、空间等多个维度的分析比较。而进行多维度的成本统计分析，就需要对大量工程消耗量和成本数据进行重新拆分和汇总，传统的施工成本管理受制于数据来源复杂、数据粒度大和统计分析工作量巨大等因素，往往只能做到事后的周期性成本核算分析。

BIM 系统通过其拥有的详尽参数和业务信息，以及强大的分析计算与输出功能，可将现场划分的不同流水段的施工进度、对应的施工成本信息及时地反映到 BIM 系统中。该系统具有强大的计算能力，利用该特点可根据工程实际形象部位自动算出不同工程在不同时间段的资源需求量，为项目管理人员及时采取有效措施调整偏差创造条件，实现成本的动态监控。

（6）现场材料便捷管理

目前工程上，现场材料的运输效率、生产质量、观感效果、尺寸精度等情况，都会影响到整个工程的进度。利用 BIM 系统的时效性与共享性，可从拟购材料、设备及构件在工厂加工生产，到出厂检验、运输及进场信息全部录入到产品的信息标签中，方便管理人员对整个运行进程实时监控，确保产品的质量。

同时，通过 BIM 技术导入的实体模型，每个构件都生成全新的二维码，在工程的施工阶段，对每个产品粘贴二维码，通过手机"扫一扫"功能查看二维码，就可以获取加工材料的工程量、材质、标高、坐标等具体信息。这样既可以明确知道材料的用途和位置，也可以结合工程实际情况，及时安装调配合适的材料，在节约存储费用的同时，提高工作效率。

(7) 实现精细化成本管理

当前工程项目的规模和体量呈现出逐步扩大的趋势，项目的施工周期也相对更长，资金需求量更大。为确保工程能按合同要求的质量如期完工，必须制订准确可行的项目计划，合理安排施工方案，施工进度，人、财、物及资金设备等，寻找最佳节点来配置资源及实施项目，以便可以取得良好的经济与社会效益。

使用 BIM 模型，有助于项目管理人员合理安排项目计划。利用 BIM 模型数据库中的构件几何、空间属性及时间、进度和造价等参数化信息，按照任意分包、时间段或工程细部提取模型工程量和预算成本，快速准确地制订出项目施工所需的人、财、物和资金设备等资源计划，保证工程施工顺利进行和精细化的成本管理。同时，利用 BIM 模型的模拟和自动优化功能，在施工准备阶段和施工过程中随时通过动态模拟来检查施工方案、进度和资源配置的科学性和合理性，并且按照实际情况和预先设定的目标来进行资源配置的平衡和优化。因此，借助 BIM 模型拟定出准确可行的项目计划，并用于控制施工，既提高了计划的科学性和合理性，又可助力精细化的成本管理。

(8) 更好地控制工程变更

传统的施工成本管理中，工程变更一般需要成本控制人员人工查阅图纸，确定变更的内容和部位，并手工计算工程量的增减，不但耗时长、工作强度大，而且可靠性不高，容易出错。同时，由于变更多，导致数据维护工作量大，变更追溯和查询困难。

利用 BIM 模型，一方面可以及时准确地计算变更工程量，当变更发生时，只要修改 BIM 数据，系统便能够检查到变更内容，直观地表现出变更结果，对变更工程量可以进行自动统计并能使用关联的造价信息算出变更造价，而在变更实施前将变更模拟的结果反馈给设计和施工人员，可以事先了解变更对工程造价和进度的影响，协助作出科学的变更决策。另一方面，BIM 技术通过计算机，能够很好地整合并且利用工程项目管理过程中涉及的巨量的信息数据。

(9) 实现成本数据的积累

当前，项目施工所产生的各种与成本有关的数据和文件一般以纸质载体或 Word、Excel、PDF 等载体由所涉及的各相关管理部门分别创建和保管，它们的保存是孤立而分散的，非常不便于成本管理人员的查询和使用。

BIM 技术的核心是一个三维模型数据库，在施工过程中，有关人员可以依据工作过程中的实际要求以及具体情况，在 BIM 系统中输入相关信息，在需要的时候精确迅速地提取有关造价数据及参数信息。BIM 数据库中全部的资料都具有动态性，如果市场价格发生变化，造价人员可将变动的内容在模型上进行直观调整，及时纠正 BIM 数据库当中的相应数据，通过自动分析变更前后模型工程量的变化，为变更计量提供可靠的数据。BIM 数据库可实现数据资料在不同业务、不同部门和不同岗位之间的信息共享，并拥有了在特定时间和阶段高效获取特定成本造价信息的能力，从而有效地支持成本动态控制、分析和决策，实现高效便捷的成本管理。

6.2.3 应用流程

施工成本管理，贯穿施工项目发展全过程中各个环节的管理脉络，把施工项目管理各环节纳入其中。施工企业在项目招投标到竣工验收的整个过程中，发生的各种相关活动都会产生相应的成本数据信息。大量的成本数据信息需要通过多个环节实现管理控制，使施工阶段的各个环节按目标运行，确保施工实际成本在一切施工资源按需供应的条件下，不超过计划成本的设定范围。主要应用流程如下。

① 前期成本管理是项目投标和合同签订过程中的成本控制，它通过编制项目策划书和合同谈判来实现前期施工成本的控制，属于成本预测阶段，决定了项目的预期收益。

② 施工成本管理是通过成本计划、控制、核算、分析、考核的全过程管理来实现成本控制的阶段。它的基本原理是在施工过程中定期地分析对比实际成本与计划成本，发现偏差，依靠施工环境以及施工方案找出原因，组织施工管理的相关部门讨论解决措施方案，从而及时实现控制。施工成本管理是一个循环作业的过程，又称为动态控制过程。

③ 考核薪酬管理是一项持续长久的管理工作，要在整个工程项目管理中实施，即从开始的监督、考核、审计、奖罚到最终的审计、考核和奖罚。

6.2.4　应用点操作步骤

6.2.4.1　建立 BIM 应用条件

(1) BIM 技术应用平台

选择适合施工阶段的 BIM 平台，且是多专业集成、注重数据、注重应用的平台。目前的平台划分，基本是以 Revit 为代表的国外 BIM 平台和以鲁班为代表的国内 BIM 平台。

三维模型平台是支撑 BIM 建模以及基于 BIM 相关产品的底层支撑平台。三维模型平台要求在数据容量、模型建造、编辑效率、渲染效果、质量等方面满足 BIM 的应用。

(2) BIM 技术应用软件条件

BIM 技术应用的软件条件，是指计算机系统中的程序及其文档具备了本工程项目 BIM 技术应用的条件，具体见表 6-1。

表 6-1　BIM 技术应用软件条件

类型	软件名称	版本号	使用说明
建模软件	鲁班土建	2014V25	建立土建 BIM 模型
	鲁班钢筋	2014V23	建立钢筋 BIM 模型
	鲁班安装	2014V15	建立机电安装 BIM 模型
客户端软件	鲁班 BE	V4.0.0	材料采购、限额领料、资料管理、质量安全管理、数据查询等
	鲁班 MC	V8.4.0	鲁班 MC 主要完成公司项目模型基础数据的集中管理、查询、统计和分析、虚拟进度演示，从而为总部管理和决策以及项目部的成本管理提供依据等
	鲁班 BIM Works	V3.0.0	将建筑、结构、安装等各专业 BIM 模型集成应用，进行碰撞检查、净高检查、虚拟漫游等
	iBan	V2.2.0	智能移动终端 APP 应用，加强质量、安全、施工等方面可视化管理，并与 BIM 模型进行关联，提升现场沟通协调效率
后台系统	鲁班 EDS		鲁班 EDS 是鲁班 MC、鲁班 BE 及各项 BIM 应用的后台数据库，EDS 为 ERP、PM 等管理系统提供项目和企业基础数据

(3) BIM 技术应用电脑配置

BIM 技术应用的电脑配置，包括电脑中所有的物理零件及具备进行工程 BIM 技术应用的软件配置，具体见表 6-2。

表 6-2　BIM 技术应用电脑配置

类型	基本要求	使用配置
软件系统	Windows XP 操作系统 IE6.0 以上版本浏览器	Windows 7 操作系统 IE 8.0 版本浏览器
硬件系统	处理器：英特尔 i3 3220 或以上；内存： 1GB；硬盘：40GB；显卡：集成；网卡：100M	处理器：英特尔 i5 3220；内存：4GB； 硬盘：500GB；显卡：独立显卡 2GB；网卡：1000M
网络系统	可共享使用	20M FTTH 光纤接入

6.2.4.2　统一 BIM 标准

在 BIM 实践过程中，可以采取多种 BIM 应用方式，从而产生不同的交付成果。但从另一方面来讲，BIM 同其他新技术一样，在执行过程中，会对传统的建设过程造成一定的冲击，如何与企业自身条件结合，全面提升项目成本精细化管理水平，帮助相关方实现 BIM 项目的效益最大化，需要在建模之前确定统一的数据创建、交流、管理的标准，以便支持工程项目全寿命周期成本管理中动态的工程信息创建、管理和共享，一般主要包括缺省设置和构件命名两项内容。

(1) 缺省设置

缺省设置，可以理解为"默认设置"，即系统默认状态。BIM 技术标准中的"缺省设置"指的就是基于本工程项目特点，对各 BIM 软件参数预先进行统一设置（表 6-3），以节约时间，减少错误。

表 6-3　统一 BIM 缺省设置

序号	项目名称	设置要求
1	原点定位	坐标原点为 1-1 和 1-A 交点
2	楼层设置	楼层设置和标高设置参考各个楼层图
3	室内外高差	室内外高差按图纸设置

(2) 构件命名

BIM 技术信息繁杂，规范构件命名可以为后期构件信息的录入、提取、更新提供统一标准，列举构件命名标准见表 6-4。

表 6-4　统一 BIM 构件命名设置

构件大类	构件小类	构件名称	案例	注意事项
满堂基础	满堂基础 实体集水井 井坑	MJ＋构件厚度 J1 JK ＋坑深	MJ 800 J1 JK 1200	
独立基础	独立基础	DJ＋截面尺寸 $a×b$	DJ 1200×1200	
承台	柱状独立基础	CT＋截面尺寸 $a×b$	CT 1200×1200	
柱	框架柱 楼梯柱 柱帽	KZ 截面尺寸 $a×b$ TZ 截面尺寸 $a×b$ ZM 上口截面尺寸 $a×b$	KZ1,KZ 400×400 TZ 200×200 ZM 1200×1200	

构件大类	构件小类	构件名称	案例	注意事项
梁	框架梁 次梁 基础梁 弧形位置 异形梁（变截面、花篮形等）	KL 截面尺寸 $a \times b$ L 截面尺寸 $a \times b$ JL 截面尺寸 $a \times b$ 开头+H：HKL，HL YXKL 截面尺寸($a \times b$)	KL1，KL 200×600 L1，L 200×400 JL1，JL 200×500	查看计算规则是否单列
砖墙	砖外墙 砖内墙 零星砌体	ZWQ 厚度 ZNQ 厚度 LX 厚度	砖内墙 120 厚 ZNQ 120 砖内墙 120 厚 ZNQ 120 LX 200	砖墙按砌体材料不同区分，混凝土墙按混凝土等级不同分别命名区分（同一层）。同项目建模人员遇非常规墙体必须协调统一
混凝土墙	混凝土外墙 混凝土内墙 弧形位置	TWQ 厚度 TNQ 厚度 开头+H：HTWQ 200，HTNQ 200，HZWQ 120，HZNQ 120	混凝土外墙 200 厚 TWQ 200 混凝土内墙 100 厚 TNQ 200	
……	—	—	—	—

6.2.4.3 创建 BIM 模型

通过采用 Revit、Navisworks、鲁班、SketchUp 等软件进行建模、模型整合、碰撞检查、施工模拟、进度模拟以及效果制作与输出等一系列工作，搭建出三维信息化、数字化模型体系，取代了传统的平立面图与效果图，可形象全面了解设计方案，让非专业的人员也能直观了解项目的各项情况，达到现场参观实体工程的效果。

6.2.4.4 BIM 技术应用点

(1) 投标报价

工程投标方需要从工程招标方提供的施工图纸与投标清单中，根据以往施工经验来对该工程项目的支出情况进行预测，这种方式对预算员计算的准确性提出了很高的要求，但是往往出现预测结果与工程实际产生的费用严重不相符的现象，导致项目前期成本的预测失去了对工程的指导作用。由于 BIM 数据库的数据粒度达到了构件级标准，并可以给工程各条线管理过程快速提供所需的数据信息，从而有效避免了工程前期成本预算中依靠经验而导致算量不准确的问题，还能避免各专业在设计上产生的碰撞问题。在工程前期成本预算中应用 BIM 技术，建立 BIM 数据库，能够以较快的速度计算出项目的工程量，提高项目施工预算的精度与工作效率，为工程前期成本预算提供准确的数据支持。

(2) 成本计划

项目投标方会在中标以后根据中标预算以及施工组织设计来对施工过程中所需要使用的人力、材料、机械等用量开展计划，但是通常情况下材料计划和预算工程的施工工期等有着很大的差异，导致与实际人工、材料以及机械不能进行良好的结合对比。由于 BIM 技术本身的精细度就达到了构件级，可以提供施工过程中所需人工、材料、机械的数据。在 BIM 技术中将三维可视化功能与时间维度结合在一起，能够对整个施工计划与过程进行随时随地的快速模拟，并且与实际的施工情况进行对比，对施工进行有效的协同。

通过这样的模拟与对比可以让施工方、监理方以及建设方深入了解工程项目的每一个环节以及存在的问题。同时，将 BIM 技术与施工方案、施工模拟以及现场监测进行结合，可以有效减少施工过程中的质量问题、安全问题，减少返工与整改情况。且运用 BIM 的三维技术可以在前期就开展碰撞检查，对工程设计进行有效优化，可减少施工阶段的错误损失与返工的可能性，进一步优化净空、管线排布方案，节约项目时间，降低施工成本。

（3）辅助图纸会审

为切实降低成本，需要参建各方在项目全寿命周期每个阶段都加强沟通交流，将成本管理的思想渗透其中。图纸会审就是其中一项很重要的活动，其目的在于找出需要解决的技术难题并拟定解决方案，审查出图纸中存在的问题及不合理情况并提交设计院处理，从而有效避免因设计缺陷而导致后期成本的增加。

BIM 技术的应用大大增强了审核图纸能力，BIM 咨询单位在收到施工图设计文件后，会对图纸进行全面细致的熟悉，其中的主要手段就是通过各专业的建模发现其中存在的问题，并给出相关修改建议（表 6-5、表 6-6）。

表 6-5　图纸会审问题汇总（土建部分）　　　　单位：mm

序号	图号	内容	模型处理方法
1	共性问题	根据节点详图，所有幕墙内侧都应设有一定高度的防护栏板，上附有预制混凝土压顶，但建筑平面图并未明确	根据节点大样，在幕墙内侧设 340 防护栏板，60 混凝土压顶
2	结施 64-3	JK1/JK3 未给出底板厚或底板底标高，也没有给出基坑外偏厚度	同筏板厚布置，其中 1/B 轴处 JK1 靠墙边外偏 850，其他外偏厚度参照剖面节点外偏 1000
3	结施 64-42 结施 64-43	B～S 轴/2 轴左侧 1400 L15 和 L1 的宽度为 200，而在节点 15 上的梁宽为 300	按节点 300 宽布置（L87 以及 2 层的节点 17/17b 存在同样情况）
4	结施 64-3	JK1/JK3 未给出底板厚或底板底标高，也没有给出基坑外偏厚度	同筏板厚布置，其中 1/B 轴处 JK1 靠墙边外偏 850，其他外偏厚度参照剖面节点外偏 1000
5	建施 38-37 结施 64-41	建施 38-37 中 11 节点的范围是 2 轴左侧 600 幕墙上方通长布置，对应的结施 64-41 17c 节点范围是 K～N 轴	暂按结施 17c 节点范围布置
…	…	…	…
48	结施 64-44 建施 38-7	C～E/7 轴位置，外墙既没有梁也没有板无法把墙包住	暂时先把墙删除，用幕墙代替砖外墙
49	结施 64-55（板图）	13～14/E～G 轴，水房间位置通过建模发现遗漏部分升板	按照房间的整体性，同梁的布置。未升板区域随升板标高
50	建施 38-8，二十二层（避难层）平面图	C～E/7～8 轴，砖内墙处有窗户图层，但此窗无标注	通过立面图，量取平面图规格，暂定为：幕墙 1150×4000

表 6-6　图纸会审问题汇总（钢筋部分）　　　　单位：mm

序号	图号	内容	设计答复
1	共性问题	三十三层以上与 LL15、LL15a 连接的剪力墙宽度为 200，而 LL15、LL15a 的截面宽度在剪力墙表中为 250，是否应随墙厚改为 200	暂按 200×500 截面布置（随剪力墙宽）

序号	图 号	内 容	设计答复
2	结施 64-17 结施 64-21	GBZ10(标高 109.050～133.050)的平面尺寸与柱表详图尺寸不相同,应以何为准	暂按平面尺寸做,配筋同 YBZ10(标高 84.050～109.050)
3	结施 64-20	YBZ4 节点详图(133.050～166.400)中,文字标注了 4 根"仅用于 145.050～166.400"的钢筋,但该柱在 161.050～166.400 标高的主筋为 86 ϕ 18 + 6 ϕ 16,与详图配筋数量有出入,应以何为准	暂只在 145.050～161.050 配置了文字标注的 4 根钢筋
4	结施 64-35	4♯坡道梁配筋图处 KLd,KLc 上部连通筋 2 ϕ 25,而箍筋为 ϕ 10-100/200(4),无架立筋	暂加架立筋(2 ϕ 12)
5	结施 64-22	GBZ17(标高 109.050～133.050)无配筋及大样图	暂按 84.550～109.050 做配筋,尺寸随平面布置图
…	…	…	…
51	结施 64-22	GBZ15(标高 109.050～166.400)的主筋标注为 14 ϕ 18,而大样图的钢筋线标示的主筋为 10 根,两者有矛盾,应以何为准? 如果按 14 ϕ 18 配置,是否应增设内箍	暂按 14 ϕ 18 的主筋布置,并增设一道封闭内箍
52	结施 64-19 结施 64-23	GBZ20 在四十层(161.050～166.400)柱墙平面布置图中截面尺寸为 650×400,而结施 64-23 中,GBZ20 在四十层(161.050～166.400)的截面为 L 形柱,两者有矛盾,应以何为准	暂按柱平面图的 650×400 尺寸布置,配筋为主筋 12 ϕ 14,箍筋 ϕ 8@150
53	结施 64-54	157.050 梁平法施工图中,G/13～14 轴处有一条梁无名称标注	暂按 153.050 标高该位置的 KL15(1) 布置

比如砖墙与梁错位不仅不利于砌筑施工,而且如果墙下板未附加钢筋,结构上也会有不利影响。利用模型可以快速定位砖墙与梁冲突的位置,并给出剖面图,直观反映错位情况,大大提高二维图纸对比查找的效率,如图 6-1、图 6-2 所示。

BIM 技术可助力做好图纸会审工作,通过图纸问题梳理可以发现 70% 以上图纸未标注点或图纸标注矛盾点,也可以发现大部分设计不规范的地方,使之尽早得到处理,从而提高施工质量,节约施工成本。

图 6-1　模型中查找墙梁错位情况

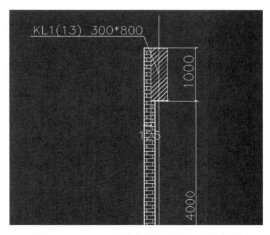

图 6-2　地下室砖墙与梁错位剖面示意图

(4) 钢筋施工指导

钢筋工程成本管理是一项十分烦琐、复杂、细致的工作，往往具有不可逆转性，如有问题，造成的损失有时是不可估量的，一直以来都是施工成本管理的重难点。基于 BIM 技术的钢筋施工指导极大简化了钢筋施工过程中的成本管理工作。

① 合理下料。BIM 技术施工翻样时已经充分考虑钢筋下料模数，如现场采购钢筋定尺长度为 12m，则按 2m、4m、8m 为下料模数，出具优化下料组合表，将所有料单组合下料，以合理利用钢材，减少下料损耗，BIM 软件截图如图 6-3 所示。

工程名称:伟峰·彩宇新城二期12#楼																施工部位:8层/梁		
序号	规格	定尺长度(m)	原材料根数	下料长度1		下料长度2		下料长度3		下料长度4		下料长度5		下料长度6		断料总根数	余料长度	损耗率(%)
				单长	根数	单长	根数	单长	根数	单长	根数	单长	根数	单长	根数			
392	C25	12	1	4750	1	4467	1	2656	1							3	127	
393	C25	12	1	4442	1	4041	1	3387	1							3	130	
394	C25	12	1	4442	1	4041	1	3375	1							3	142	
395	C25	12	1	9200	1	2656	1									2	144	
396	C25	12	1	4230	2	3396	1									3	144	
397	C25	12	1	10483	1	1373	1									2	144	
398	C25	12	1	4750	1	4467	1	2638	1							3	145	
399	C25	12	2	4226	2	3394	1									3	154	
400	C25	12	1	4221	2	3389	1									3	169	
401	C25	12	2	4220	2	3389	1									3	171	

图 6-3 BIM 技术出具钢筋下料单

在钢筋成本管理中，没有分类的材料就是废料，所以应将下料后不可避免的短头分直径、分长度堆放，以便合理循环利用（图 6-4）。

(a) 钢筋废料分类　　　　　　　　　　　(b) 钢筋明示栏

图 6-4 工程现场图

② 三维交底。BIM 技术支持将三维模型投放于大屏幕和出具钢筋节点详图（图 6-5～图 6-8）相结合的交底方式，可通过多角度、全方位对模型的查看，增加施工人员的三维立体感，为钢筋的加工制作和现场具体定位、绑扎提供依据，使交底过程效率更高，也更便于工人理解，达到减少钢材浪费、确保工程质量的目的。

骨架图对于绑扎安装钢筋的人员来说至关重要，如果没有骨架图，安装钢筋就必须由专业的钢筋识图技术员来指挥绑扎钢筋，而有了骨架图，普通钢筋工拿着骨架图就知道钢筋如何绑扎，让钢筋绑扎变得简单。可视化交底之后，通过 BIM 技术出具骨架图（图 6-9），各部位钢筋尺寸、轴线位置、钢筋详图一目了然，可减少下料人员的误解。还应制作钢筋明示栏［图 6-4（b）］，将所做部位或楼层的三维图张贴在明示栏内，并将复杂节点放置其中，这样一来，无论是下料人员还是前台绑扎人员都能明了自己所施工部位的规范造型。

图 6-5 BIM 三维模型中的位置

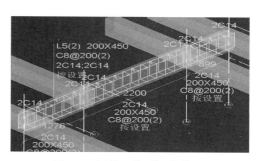

图 6-6 钢筋三维可视化模型

图 6-7 钢筋与钢结构节点模拟

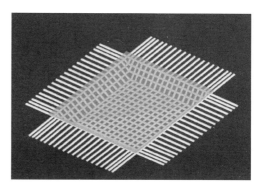

图 6-8 集水井钢筋模型

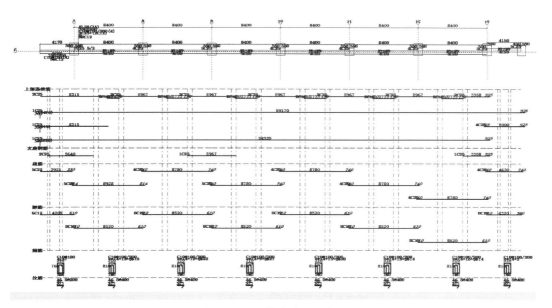

图 6-9 BIM 技术出具骨架图

现场人员应充分利用骨架图，做到纵向钢筋、箍筋、拉筋、措施筋分构件、分类型、分直径、分尺寸堆放，标识牌注明构件名称、钢筋类型等信息，达到减少不必要损耗、节约成本的目的。

③ 料单复核。传统手工钢筋预算翻样最大的弊端在于计算粗糙，而 BIM 技术钢筋下料完全是按照国家设计、施工规范和建筑结构施工图纸的要求，根据图纸中不同部位的钢筋规格、尺寸、数量建立三维模型，结合钢筋加工工艺参数出具料单。BIM 软件是脑力的延伸，正如机械是体力的替代，其效率是手算的 3～5 倍，结果也更易于核对和找出差错。项目钢筋下料过程中常见的问题是料单标注不够明确，甚至料单错误。

a. 标注不明。现场施工出具的钢筋下料单，具体到各构件时经常会出现未标明构件轴线位置等信息的情况，对施工人员进行钢筋合理分区堆放不利，影响钢筋安装工人快速下料和安装，BIM 技术可助力解决这一问题（图 6-10、图 6-11）。

	构件名称	级直别径	钢筋简图	下料（mm）	根件数×数	总根数	重量（kg）	备注	接头说明
1	Q2	⏀10	150┌8870 4770┐150 搭	9000 4900	46	46	394.51	水平筋@200搭420 总长:13220	搭1
2		⏀10	┌4900┐	4900	45	45	136.05	立筋@200	
3		⏀6	┌250┐	370	517	517	42.47	@400	L
4	Q2	⏀10	150┌5180┐150	5440	46	46	154.40	水平筋@200	
5		⏀10	┌4900┐	4900	30	30	90.70	立筋@200	
6		⏀6	┌250┐	370	172	172	14.13	@400	L
7	Q2	⏀10	150┌6910┐150	7150	46	46	202.93	水平筋@200	
8		⏀10	┌4900┐	4900	34	34	102.79	立筋@200	
9		⏀6	┌250┐	370	200	200	16.43	@400	L
10	Q5	⏀14	210┌4600┐210	4950			275.52	水平筋@200	
11		⏀12	┌4600┐	4600	23	23	93.95	水平筋@200	
12		⏀14	┌5000┐	5000	26	26	157.30	立筋@200	

图 6-10　原料单未标明墙构件的轴线位置

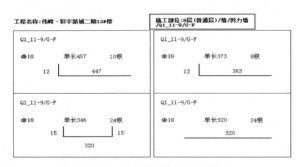

图 6-11　鲁班下料出具的料单

b. 料单错误（以某项目八层料单为例）。

ⅰ. 八层 12～14/E～F 轴 KL33 箍筋根数计算错误（图 6-12）。

该跨梁净跨为 5780mm，加密区为 $2h_b$，即是 1000m，11 根箍筋，即排至离支座边 1050mm，这样加密区为 22 根箍筋，非加密区长度 5780mm － 2100mm＝3680mm，即非加密区需排 3680/200＝18 根箍筋，另外有两个次梁与该梁交汇，每侧附加 4 根箍筋，共需要附加 16 根箍筋。则合计箍筋根数为 22＋18＋16＝56 根（图 6-13）。

ⅱ. 八层 13～14/E～F 轴 KL124 纵筋锚入长度错误，应该是 $30d$，料单上为 $31d$。

ⅲ. 八层 F～G 轴/12～14 轴处框架梁 KL36（2）支座钢筋伸入梁内长度有误，此梁为两跨，第 2 个支座处原位标注为 5 ⏀ 20 3/2，第一排应伸到净跨的 $1/3L_n$ 处，而料单中第一跨的支座筋通长布置并弯锚 300mm。另外箍筋根数也不对，箍筋根数应为 77 根，而料单中只有 61 根箍筋。

KL33 (1~2)	Φ20	6880 ⌐300	7140	2	2	35.27	上1排(支座1—支座2)	
	Φ20	2550	2550	1	1	6.30	上1排(支座1右)	
	Φ20	2400 ⌐300	2660	1	1	6.57	上1排(支座2左)	
	Φ20	6880 ⌐300	7140	2	2	35.27	底1排(跨1)	
	Φ10	150 ⌐440	1360	45	45	37.76	1跨@100/200(2)[11+23+11]	G

图 6-12 施工班组料单箍筋根数计算错误

构件信息:KL33(1)_14-12/F-E			构件单重(kg):139.91					
序号	注释	级别	直径mm	简图	根数	公式	弯钩	搭接
3	支座钢筋/13(1)	Φ	20	2607 ⌐300	1	(2607)+(300)	0	0*51.8*D
4	支座钢筋/(1)	Φ	20	2457 ⌐300	1	(2457)+(300)	0	0*51.8*D
5	箍筋@100/200	Φ	10	160 ⌐460	56	(160)*2+(460)*2	23.8*DIA	0*51.8*D

图 6-13 BIM技术下料修正后的料单

ⅳ．八层 E~G 轴/13~14 轴处梁 L5 底筋伸入支座长度有误，规范应为 $12d$，而料单中为 $14d$。

ⅴ．八层 E~F/12~13 轴位置和 G~F/12~13 轴位置 L_a 底筋下料长度错误；L_b 两端支座一端满足直锚，一端不满足直锚，规范做法应为：满足直锚的一端直锚 $12d$ 即可，不满足直锚的一端弯锚 $15d$。

ⅵ．八层 F~G 轴/12~14 轴处 KL39 构造腰筋伸入支座长度有误，规范应为 $15d$，而料单中为 $18d$。

（5）采购计划

制订精确的钢筋采购计划是施工阶段所采用的成本管理措施，是实现项目全寿命周期成本管理目标的基础之一。传统钢筋采购计划难以编制准确，少计划造成急需的钢筋不能按时进场，影响了工期，造成窝工损失，多计划则造成钢筋积压，资金周转不灵，资金的时间价值也就无从体现，所以料单的合理性对钢筋的成本管理至关重要。

借助 BIM 模型提供的数据库和信息平台，钢筋成本管理工作可以随时随地获取准确数据，提高了采购计划的准确性。具体说来，利用 BIM 可较为迅速地建立钢筋三维模型，将模型与钢筋采购、施工计划等进行 nD 集成，软件中的算量功能自动计算出钢筋的工程量并生成统计资料，成本管理人员就可按照不同的时间段对钢筋模型进行细分，进而科学地备工备料，提高了钢筋的成本管理水平。

（6）碰撞检查

我国的建筑行业设计和施工分家，设计院交付成果一般是方案阶段成果，而不是最终施工图，导致施工阶段因为各种误差累积、施工逻辑错乱等影响，会发生设计阶段不存在的碰撞。而在施工前利用 BIM 技术进行碰撞检查就是要提前查找和报告在工程项目中不同部分之间的冲突，以防后期的变更与返工，是解决建筑业资源浪费，建立建筑业先进成本管理的有效方法，对于进一步实现施工过程成本管理的精细化尤为重要。

BIM 技术将所有专业（土建、给排水、电气、暖通、消防、弱电）放在同一模型中，快捷生成碰撞检查报告（表6-7），投资回报率非常高（表6-8）。

表6-7　BIM技术出具碰撞检查报告

碰撞模型	碰撞详述
	名称:碰撞1。 构件1:暖通\风管\送风管\空调风管－800×320(底标高＝3000mm,顶标高＝3320mm)\SA-1。 构件2:消防\管网\喷淋管\镀锌钢管－$DN32$($H＝3300mm$)\PL-1。 轴网:其他位置。 碰撞类型:活动碰撞
	名称:碰撞2。 构件1:暖通\风管\送风管\送风管－200×200(底标高＝3100mm,顶标高＝3300mm)\SA-1。 构件2:消防\管网\喷淋管\镀锌钢管－$DN125$($H＝3300mm$)\PL-1。 轴网:其他位置。 碰撞类型:活动碰撞
	名称:碰撞3。 构件1:暖通\风管\送风管\送风管－800×200(底标高＝2940mm,顶标高＝3260mm)\SA-1。 构件2:消防\管网\喷淋管\镀锌钢管－$DN80$($H＝3300mm$)\PL-1。 轴网:其他位置。 碰撞类型:活动碰撞
	名称:碰撞4。 构件1:暖通\风管\送风管\送风管－800×320(底标高＝2940mm,顶标高＝3260mm)\SA-1。 构件2:暖通\风管\排风管\排风管－800×320(底标高＝2640mm,顶标高＝2960mm)\SA-1。 轴网:其他位置。 碰撞类型:活动碰撞

碰撞模型	碰撞详述
	名称：碰撞 5。 构件 1：弱电\线槽桥架\线槽\金属线槽－200×100（底标高＝2650mm，顶标高＝2750mm）\P1。 构件 2：弱电\线槽桥架\线槽\金属线槽－200×100（底标高＝2650mm，顶标高＝2750mm）\P1。 轴网：其他位置。 碰撞类型：活动碰撞
...	...

一般来说，施工阶段的碰撞分为两类：一类是实体与实体之间交叉碰撞，这种碰撞类型极为常见，多发生在结构梁、空调管道和给排水管道三者之间；另一类是实体间实际并没有碰撞，但间距和空间无法满足施工要求，该类型碰撞检测主要出于安全、施工便利等方面的考虑，相同专业间有最小间距要求，不同专业之间也需设定最小间距要求，同时还需检查管道设备是否遮挡墙上安装的插座、开关等（图 6-14、图 6-15）。

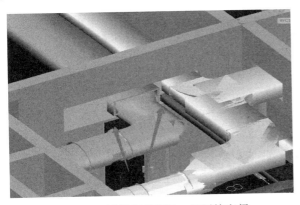

图 6-14　风管上下两层，无压缩空间

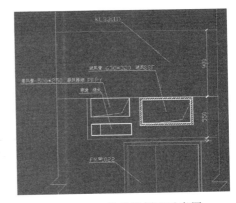

图 6-15　二类碰撞剖面示意图

图 6-14 所示预留风管洞中两根管道并排架设，虽然两者并未直接碰撞，但因为施工过程中要考虑到安装、保温等要求，所以其设计是不合理的。

表 6-8　碰撞检查效益分析

序号	施工阶段	问题类型	数量	材料节约	人工节约
1	地下主体	地下一层机电管线碰撞点	40 处	约 12000 元	约 2 工日
2	地下主体	地下二层机电管线碰撞点	10 处	约 3000 元	约 1 工日
3	地下主体	地下室砖墙预留孔洞	4 处	800 元	约 0.5 工日
4	地上主体	5 层核心筒预留孔洞	7 处	约 1560 元	约 0.5 工日
...	...	...	...	...	...

（7）管线综合

利用 BIM 技术，通过搭建各专业的 BIM 模型，可对安装工程施工完成后的管线排布情况进行模拟，即在未施工前先根据施工图纸在计算机上进行"预装配"。可通过以下 5 个阶段对施工图纸进行深化，进而达到实际施工图纸深度（表 6-9）。

第一阶段：机电工程中暖通、给排水、电气、建筑智能化等专业的管线模型审核；

第二阶段：提交并汇总模型；

第三阶段：BIM 技术自动进行碰撞检查并出具碰撞检查报告；

第四阶段：根据碰撞报告，结合原有设计图纸的管线规格和走向，利用三维模型可在任意位置剖切观察的优势，对该处管线进行综合优化；

第五阶段：重复以上工作，直到无碰撞为止。

应用管线综合优化技术可以及时化解施工环节中可能遇到的管线冲突，显著减少由此产生的变更成本，提高了施工现场的生产效率，降低了由于施工协调造成的成本增长和工期延误，加强了施工质量与成本的控制力度。

表 6-9　项目地下管综前后对比

序号	位置	原模型	管线综合优化后	排布方案
1	1/1-5 * 1/1-7 交 1-N * 1-P 轴，过道碰撞点（106、107、109、123、506、514、702）			考虑高度问题，所有的桥架、喷淋主管、暖通空调水管尽可能排布在同一层，风管排布在最底层。最低点高度：2900mm
2	1-7 * 1/1-7 交 1-D * 1-E 轴，过道碰撞点（617、696、743、897、1074、1344）			本区域空调管道和动力桥架有相交，桥架排布在梁底，第二层排布空调供回水管道，管道走大梁上翻，空调水管下面排布风管。最低点高度：2900mm
3	1/1-6 * 1-7 交 1-H * 1-G 轴，碰撞点（49、57、474、1518、1933）			本层过道管道较多，将管道排布在同一层，支管向上翻分支，风管排布在管道下面。最低点标高：3000mm
4	1-7 * 1/1-7 交 1-L * 1-K 轴，过道碰撞点（250、677、678、1121）			本层过道管道较多，将管道和桥架排布在同一层，风管排布在管道下面。最低点高度：2600mm

序号	位置	原模型	管线综合优化后	排布方案
5	2-2＊2-3交2-E＊2-D轴,过道碰撞点(432、987、1108、1626、1910)			所有的管道均为同层布置。风管在水管下层最低点高度:2600mm
...	...	...	...	...

(8) 二次结构预留洞口

在砌筑施工过程中,二次结构预留洞口的应用已较为成熟,主要分为门窗预留洞口和管线预留洞口。

① 门窗预留洞口。在门窗预留洞口方面,BIM 技术支持将门窗洞口预留信息布置在土建模型中,综合考虑构造柱、圈梁、过梁的设置方案是否合理、方便施工,同时给出墙体的剖面图,用于指导现场砌筑预留定位。门窗预留洞口的应用,节约了大量成本。

a. 剖面图指导施工。建模时门窗的标高和洞口都是按图纸直接布置,但是这不符合现场施工实际。图纸给的门窗标高是建筑标高,而建模时使用结构标高,所以布置门时要考虑建筑与结构的标高差,窗的标高要换算成结构标高布置。调整好后将剖面图张贴在砌筑墙体相应位置,一是剖面图形象易懂,工人在砌筑时可以核对洞口预留的正确与否;二是方便质检人员检查核对砌筑情况 (图 6-16、图 6-17)。

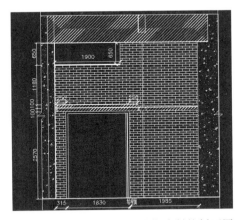

图 6-16 BIM 技术 PDS 功能绘制的剖面图

剖面图张贴,方便工人查看

图 6-17 对应的现场做法

b. 复杂部位二次结构设置模拟。圈梁设置要通长,但是在施工中遇到圈梁高度位置有预留洞口,而此洞口又无法调高时,就需要对此部位的圈梁设置做调整 (图 6-18、图 6-19)。

利用 BIM 技术可以模拟二次结构设置,提出较好的解决方案,实际驻场工作中的每层砌筑施工，都是先根据门窗做出预留洞，而后在土建模型中给出剖面图来指导洞口的预留（图6-20、图6-21）。

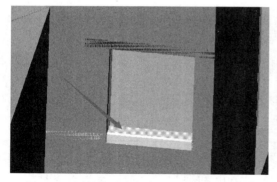

图 6-18　圈梁若按原标高设置，与洞口冲突

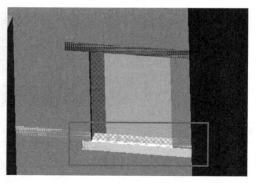

图 6-19　模型作出的方案

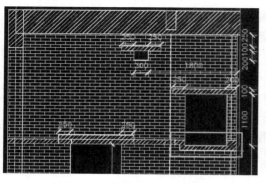

图 6-20　BIM 技术出具剖面图

图 6-21　二次结构现场做法

　　② 管线预留洞口。为了能够充分发挥管线综合模型的价值，实际操作中常将安装综合模型和土建结合使用，找出管线预留洞口位置的信息，在施工中预留出来（表6-10）。预留洞方案形成过程：

　　第一步：结合管线综合模型，计算每个预留洞的大小和标高；

　　第二步：在土建模型上布置洞口，并用名称区分好电气、暖通、给排水的预留洞；

　　前两步注意事项：安装模型的中心标高和底标高；安装模型是建筑标高，土建中布置洞口是结构标高，注意换算；洞口大小是全专业管道大小，非单专业。

　　第三步：布置好洞口，将土建模型导入管线综合模型进行检查，查看洞口大小、标高是否符合要求以及是否有遗漏，这样反复检查，直到确定洞口都符合要求；

　　第四步：在土建模型中输出平面图，此处只打开轴网和洞口构件（其他构件隐藏）输出平面图；

　　第五步：对洞口进行标注，标注内容有名称、截面尺寸和标高三个主要信息；

　　第六步：将标注内容中的标高从结构标高换算成建筑标高（此步骤不可忽略）；

　　第七步：将平面图中的洞口和标注图层复制到建筑图中即为二次结构施工图，在复制前可将图层进行调整。

表 6-10　预留套管洞口数据对比表

编号	BIM 技术预留				实际图纸			
	类型	规格	标高/mm	个数	类型	规格	标高/m	个数
1	消防	$D3=219$	3500	5	预埋 A 型刚性防水套管	$D3=219$	-12.4	1
2	消防	$D3=159$	3750	1	预埋 A 型刚性防水套管	$D3=159$	-12.4	1
3	排水	$D3=219$	3600	2	预埋 A 型刚性防水套管	$D3=219$	-12.5	4
4	消防	$D3=114$	3750	1	预埋 A 型刚性防水套管	$D3=114$	-12.65	2
5	消防	$D3=114$	3750	1	预埋 A 型刚性防水套管	$D3=114$	-12.2	1
6	消防	4 根 TC80	3750	2	TG1（防护密闭处理）	TC80	-12.2	2
7	电气	1 根 TC25	详见图	5				
8	弱电	SC20	详见图	7				
9	暖通	$DN50$	详见图	4				

　　管线预留洞口的价值在于以下四方面：一是避免后期穿墙凿洞，节约了成本，提高施工效率；二是可以完全按照管线综合模型施工，更加体现管线综合的利用价值；三是墙体更加完整美观，再加上超过固定尺寸的预留洞设有过梁，比临时凿洞结构更加安全；四是避免凿洞后补洞，污染管线。

　　（9）设计变更调整

　　建造施工过程中，需根据工程变更，对 BIM 模型进行维护和调整，保证模型能够准确反映现场实际施工情况，进而对成本进行精确管理。设计变更调整也是 BIM 技术在施工阶段的重要应用点之一，可在实际工作中实时将设计变更更新至 BIM 模型，并完成快速提量（图 6-22、图 6-23）。

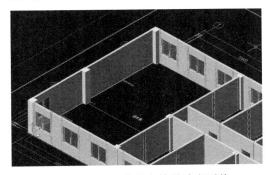

图 6-22　BIM 技术支持设计变更前　　　　图 6-23　BIM 技术支持设计变更后

　　利用 BIM 技术对设计变更进行调整的优势还在于能够自动生成各种图形和文档，各视图始终与模型逻辑相关，当模型发生变化时，与之关联的图形和文档将自动更新，各方图纸信息版本完全一致，减少传递时间的损失和版本不一致导致的失误，最大限度保障设计变更传递的准确、高质量。

　　（10）内部多算对比

　　BIM 模型集成了构件、时间、流水段、预算、实际成本等信息，可以实现任一时点上工程基础信息的快速获取，轻松实现多算对比，对数据进行分析可以有效反映工程项目消耗量有无超标等问题（表 6-11）。

表 6-11　混凝土实际用量对比分析表

楼层	构件	混凝土标号	BIM量	现场量	偏差值	偏差率	备注
基础层	垫层	C15	688.4	653	35.4	5.1%	扣未施工汽车坡道处垫层
	基础	C40p8	3339.6	3310.2	29.4	0.9%	扣未施工汽车坡道处基础,加地下室外墙止水钢板墙脖
地下室	外墙	C40p8	556.6	663.8	−107.2	−19.3%	①浇筑外墙柱与内墙柱节点处,墙柱混凝土坍塌,导致外墙柱混凝土量增加,则相应内墙、梁板混凝土减少;②扣汽车坡道等未施工部位
	内墙梁板	C40	1565.7	1400	165.7	10.6%	
	小计		2122.3	2063.8	58.5	2.8%	
一层	整体	C40	951.5	940	11.5	1.2%	本层结构全部施工完成
二层	整体	C40	899	885	14	1.6%	扣除未施工的雨篷
三层	整体	C35	1090	1079	11	1.0%	本层结构全部施工完成
合计			9090.8	8931	159.8	1.8%	根据现场实际量对比,不含未施工部分的工程量

(11) 支付审核

竣工阶段成本管理工作的主要内容是确定建设工程项目最终的实际造价,即竣工结算价格和竣工决算价格,这也是考核承包企业经济效益以及编制竣工决算的依据。

据有关统计资料显示,很多成本管理问题都发生在竣工结算阶段,这些问题主要是由于在施工阶段存在着大量的设计变更及工程签证,结算阶段的成本数据经过无数次的变化而导致的信息丢失、图纸错误、资料不全等。传统模式下,竣工结算阶段的工程量核对工作量大而烦琐,主要依靠手工或电子表格辅助,这对成本管理人员来说是一项严峻的挑战,而且效率低、费时多、数据修改不便。

楼层名称	构件名称	总重(kg)	其中箍筋(kg)	1级钢		8	10	12	14
				6	8				
0层	墙	18134.846	357.408	323.208	34.2		74.282	6402.895	9638.393
	柱	31973.569	1073.704			657.124	21.312	437.028	91.678
	梁	4281.62	438.932	19.224	19.712	399.996		199.009	
	板筋	2089.613	0			2089.613			
	基础	177329.443	30814.453		152.628	10935.399	16167.562	3739.811	10631.398
	筏板筋	213509.344	0					1517.275	147862.157
	其他构件	558.628	0			558.628			
	设备基础	39.266	0			39.266			
	小计	447916.329	32684.497	342.432	206.54	14680.026	16263.156	12296.018	168223.626
-1层	墙	79025.441	6621.202	3570.608	194.019	2338.713	4560.242	30677.941	22569.268
	柱	103102.525	43431.924	56.473		23766.927	982.204	21671.816	254.518
	梁	95770.72	21114.55	1454.224	247.216	18323.445	2519.146	7608.002	471.019
	板筋	86003.202	0	166.788	453.386	5024.781	69576.955	10463.358	317.934
	其他构件	4392.58	74.41			95.368		184.714	364.482
	零星构件	1486.598	27.55		197.192	44.418	95.205	1016.403	
	小计	369781.066	71269.636	5248.093	1091.813	49593.652	77733.752	71622.234	23977.221
1层	墙	35921.614	3421.871	4238.54	558.921	6.626	4273.17	1775.853	9936.108
	柱	89326.543	34464.402	110.768		15702.972	260.152	25613.546	362.088

图 6-24　MC中按楼层、构件、钢筋型号提取工程量

BIM 模型参数化的特点，保证能够把相关的几何信息、物理信息以及施工过程中出现的设计变更、现场签证、计量支付、材料管理等及时录入到 BIM 模型，其信息量已完全可以表达竣工工程实体。基于 BIM 的结算管理不但能提高工程量计算的效率和准确性（图 6-24），而且对于促进结算资料的完备性和规范性也具有很大的作用。

思 考 题

1. 施工成本管理应遵循哪些原则？
2. 如何制订施工成本计划？
3. 施工成本管理关键控制点在哪几个方面？
4. 造成传统成本管理困难的原因有哪些？
5. 简述基于 BIM 的施工成本管理应用流程。
6. 简述基于 BIM 的施工成本管理的应用点操作。

第 7 章
基于BIM技术的
施工安全管理

本章要点

施工安全管理

基于 BIM 的施工安全管理应用

7.1 施工安全管理

7.1.1 施工安全管理概述

7.1.1.1 施工安全管理的定义

施工安全管理,是施工管理者运用经济、法律、行政、技术、舆论、决策等手段,对人、物、环境等管理对象施加影响和控制,排除不安全因素,以达到安全生产目的的活动。

施工安全管理的目标是减少和控制伤害,减少和控制事故,尽量避免生产过程中由于事故所造成的人身伤害、财产损失、环境污染以及其他损失。施工安全管理包括施工安全管理制度、行政管理、监督检查、工艺技术管理、设备设施管理、施工作业环境和条件管理等方面。

施工安全管理的基本对象是施工企业的施工人员,涉及施工现场中的所有人员、设备设施、环境等各个方面。施工安全管理的内容包括:施工安全管理机构和施工安全管理组织、施工安全责任制、施工安全管理制度、施工安全培训教育等。

7.1.1.2 施工安全管理的难点与不足

(1) 施工企业安全管理机制虽然健全,但未真正发挥管理作用

当前国内多数大中型施工企业安全管理机制比较健全,项目经理、安全副经理、工程技术部门、安全管理部门、物资采购部门、设备管理部门等安全职能分工都很明确,但是基本上只有安全管理部门进行管理、对施工现场的安全生产进行监督检查,其他职能部门未切实履行安全职能,大多数施工企业仍没有树立"大安全"意识,没有形成"全员共管"的安全管理局面,导致安全生产隐患的发现、整改不及时、不到位。

施工企业的各类安全管理规章制度编制齐全,但是存在更新不及时、缺乏针对性、内容不全面等问题,对于部分违章、隐患没有明确的管理制度、整改措施及奖罚制度,细则不细,导致在实际管理中存在漏洞,管理无依据,进行处罚时底气不足。

(2) 劳务分包单位缺乏安全管理机制

目前国内的施工企业多采用劳务分包单位进行工程项目的施工,一线施工人员是劳务分包单位的职工。劳务分包单位以利润为先,尽可能降低管理成本及现场投入,不会设立专职安全管理机构或专职安全管理人员。有的劳务分包单位管理人员安全管理知识匮乏,缺乏安全管理机制。有的劳务分包单位常常忽视安全生产的重要性,对于安全防护用品、安全防护设施不了解其必要性和重要性,不能科学地进行安全管理,对于本区域的安全生产无人监督、检查,安全管理落后。

施工现场人员混杂,工人流动较大,且施工现场的工人安全意识较差,也没有良好的自我保护意识,长期养成的不良施工行为和操作习惯加上技术交底工作不到位,容易造成安全事故发生，这无疑给建筑施工埋下了重大的安全隐患。虽然国家安全生产法律法规明确规定了施工作业人员必须经过相应的安全教育以及培训，但是建筑工程毕竟工种多，人员流动性大，安全教育、安全培训制度往往只是表面形式，安全法律法规及相关的规范、技术规程的培训也只是停留在管理层，无法传达到工人。一线操作工人违章操作的根源正是对技术规范的不熟悉，这也是发生安全事故的主要原因之一。另外，对于建筑工人中的年龄偏大者，尤其是从事高处作业和特殊岗位作业人员，由于身体机能、反应速度等的退化，在遇到特殊情况时就可能会手忙脚乱、不知所措，从而酿成安全事故。

（3）安全教育培训落实不到位

安全事故的发生多半是由于安全教育培训落实不到位、安全技术交底未交到作业层每个人。个别施工企业在进行安全教育、培训时浮于形式，不注重实际效果，未能达到提高作业人员安全意识的效果；安全技术交底流于过程，交底不及时、不全面，缺乏针对性，作业人员签字代签、漏签，导致作业人员对施工方案、安全技术措施、安全操作规程、危险源辨识及预控等不了解、未掌握，丧失了交底的本意，在现场作业时不能按规范要求作业，不能规避风险。

（4）施工企业安全管理执行力不强

"施工企业的首要任务是生产，如果生产上不去，就不会创造产值；产值没有，没有钱去投入，工资都不能保障，安全管理自然也就不存在。"个别施工企业的管理人员有这种意识。这种意识的存在，导致施工企业忽略了"安全第一"的安全生产方针，形成以"不耽误生产"为前提的安全管理局面，安全管理束手束脚，安全管理为施工生产让步，安全管理不负责任。由于安全技术措施落实不到位，管理人员对一些违章、隐患视而不见，造成了安全管理执行力不强的后果，导致了部分违章屡禁不止、隐患频繁出现，甚至"升格"为"习惯性违章、重复性隐患"，形成了安全管理的顽疾。

7.1.1.3 施工安全管理的原则

（1）坚持安全法制的原则

坚持安全法制的原则是指安全生产法律法规和安全生产执法，要真正做到有法必依，有章可循，违法必究。我国现行与安全管理有关的法律法规主要有《建筑法》《安全生产法》《建设工程安全生产管理条例》等法律、法规及部门规章。这些法律法规的出台，为保障我国建筑业的安全生产提供了有利的法律武器，在建筑业安全生产工作方面做到了有法可依。但有法可依仅仅是实现安全生产的前提条件，在实际工作中要加以落实还必须要求生产经营单位及其从业人员严格遵守各项安全生产规章制度，做到有法必依。

（2）坚持建立企业安全文化的原则

企业安全文化划分为4个方面，包括安全生产意识文化、安全生产环境文化、安全生产物质文化、安全生产行为文化。企业安全文化可以弥补安全管理手段的不足，"以人为本"是企业安全文化的核心，是企业安全文化的基本准则。同时，企业安全文化是由企业文化引申而来的概念，可以认为：企业安全文化是企业在长期的生产经营活动中逐渐形成的以物质为载体所体现出的人本观念和社会责任意识的综合，是安全生产管理过程中的积淀，具有相对稳定性。

（3）坚持安全生产责任制原则

我国《建筑法》第 44 条、《建设工程安全管理条例》第 21 条赋予企业安全管理的责任主体，要求建筑施工企业必须依法加强对建筑安全生产的管理，执行安全生产责任制度，采取有效措施防止伤亡和其他安全生产事故的发生，并指出，建筑施工企业的法定代表人对本企业的安全生产负责（全面负责），也就是说，企业法人是安全生产的第一责任人。

（4）坚持安全投入原则

坚持安全投入原则，是指保证安全生产所必需的经费和安全生产必需的物资。企业安全的投入应是本着为现场施工人员的安全着想置办的保护施工现场管理人员和工人的防护用品，而不仅仅是为了应对企业或安检部门的检查。

7.1.2 施工安全管理体系建设

7.1.2.1 施工安全管理体系建立原则

① 总承包项目经理部应统一负责建立并完善现场施工安全生产管理体系；

② 专业分包项目经理部按专业建立现场施工安全生产管理体系；

③ 劳务分包项目经理部直接纳入发包单位现场施工安全生产管理体系。

7.1.2.2 施工安全管理体系的建立与职责

① 项目经理部应成立安全生产领导小组，定期召开会议，研究解决安全管理中存在的主要问题。

② 设置安全生产管理部门，配备安全主管，负责项目安全生产日常管理工作。足额配备专职安全生产管理人员，负责日常安全巡查和资料管理等工作。

③ 足额配备专职安全生产管理人员，负责日常安全巡查和资料管理等工作。

④ 项目经理是施工项目安全生产直接第一责任人，负责组织制订项目安全生产管理目标、各项安全管理实施细则，建立安全生产责任制，落实部门和人员的安全生产职责，以及项目日常安全生产管理活动的组织、协调、考核、奖惩。

⑤ 项目副经理（包括项目技术负责人）对分管范围内的职能部门（或岗位）安全生产管理活动负责。

7.1.2.3 施工安全管理体系网络（图 7-1）

按照国家及住房和城乡建设部规定，建筑施工企业必须设置安全生产管理机构，配备专职安全生产管理人员，并应遵循如下原则：

① 安全生产管理机构直属于项目主要负责人领导；

② 安全生产管理机构是项目的独立职能部门，独立行使管理职能；

③ 专职安全生产管理人员应按规定配备；

④ 项目安全生产管理机构、专职安全生产管理人员应依法履行职责。

组织上，施工企业成立安全生产领导机构，公司成立安全生产委员会，项目经理部成立安全生产领导小组；企业独立设置安全生产管理机构，公司设安环部，项目经理部设安保部，其中，分公司设安全主管领导一名、安环部部长一名、一级主办一名。

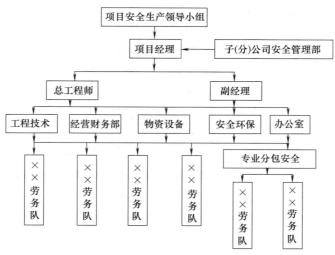

图 7-1　施工安全管理体系网络

7.1.3　施工安全计划

7.1.3.1　安全施工计划

（1）**安全目标**

坚持"安全第一，预防为主"的方针，认真执行落实国家现行有关安全生产、文明施工等方面的法律、法规和方针政策。落实施工安全生产、文明施工的各项规章制度。开展施工自检自查工作，落实责任，发现问题及时纠正，检查覆盖到每一位职工。制订施工安全事故应急救援预案，建立应急救援体系，配备救援人员、设备、器材，并组织演练。

针对工程施工进度识别重大危险源，定措施、定时间、定人员控制管理。广泛开展安全生产宣传教育和培训活动，宣传贯彻各项规章制度，达到各级人员持有效证件上岗率100%，转场、新入场工人安全培训教育覆盖率100%，机械设备、安全防护装置齐全有效合格率100%。

加强意外伤害保险投保工作，保证投保日期开工至竣工阶段有效。加强分包队伍管理，签订安全生产管理协议书，使用合法分包队伍。用于安全防护、文明施工的费用必须做到专款专用。安全管理技术资料齐全有效，全部合理归档。

（2）**安全监控网络**（图7-2）

（3）**安全管理机构**

建立以项目经理为责任人的安全生产领导小组。安全生产领导小组拟定落实安全管理目标，制订安全保证计划，根据要求落实资源的配置。项目经理负责安全体系实施过程中的监督、检查。

（4）**安全保证体系**

为了保证施工安全，应建立以项目经理为首的安全保证体系，各施工队设立专职安全检查员负责实施，以加强作业现场控制为重点，以定期检查为主，专项检查与全部检

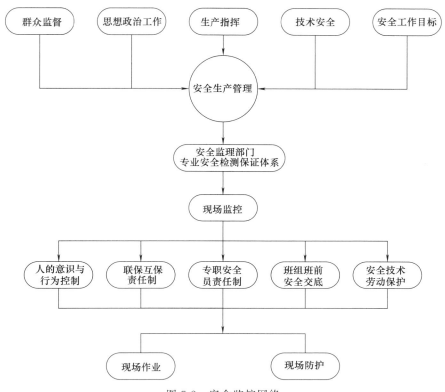

图 7-2　安全监控网络

查相结合，开展创建安全样板工地活动，确保本合同段工程安全、优质、高效完成。

建立以项目经理为组长，项目副经理全面负责实施，项目部安全工程师具体协调、指导，专职安全员现场指挥的安全生产保障体系。具体保障体系如图 7-3 所示。

（5）**安全保证措施**

① 施工中执行"安全第一，预防为主"的方针和坚持"管生产必须管安全"的原则，结合实际情况，制订各项规章制度并严格遵守。

② 建立安全生产定期和不定期检查制度。每周项目经理部对安全生产情况进行一次检查，每月进行一次评比，并配合上级安全检查组进行总抽查，评比打分，奖优罚劣。

③ 抓好安全岗位教育。开工前，对所有上岗人员进行安全知识教育，把有关安全操作规程印发给各基层单位，对照检查实施。参加施工的人员，熟知和遵守本工种的各项安全技术操作规程，并定期进行安全技术考核，合格者方可上岗操作。对特殊工种的人员，如电工、修理工、电焊工、架子工、爆破工、机械操作人员等，须持专业培训证书和上岗证书后，才可进行上岗操作。

④ 建立健全各级安全管理机构。指挥部设立安全工程师，施工队设立专职安全检查员。

⑤ 施工现场设置必要的安全标志，并不得擅自拆除。施工驻地和现场设置足够的消防设备。

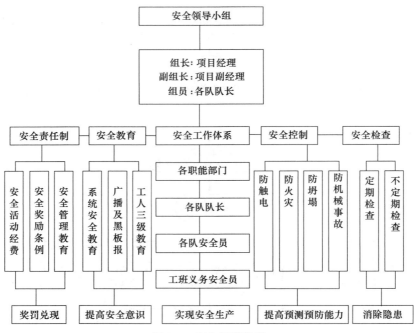

图 7-3 安全保障体系

⑥ 加强与气象、水文等部门的联系，及时掌握气象风暴和汛情等预报，做好防范工作。

⑦ 操作人员上岗前，按规定穿戴好防护用品，炎热季节职工寝室内采取必要的防暑降温措施。

⑧ 施工所用的各种机具设备和劳动保护用品，定期进行检查和必要的维修，保证其各项性能指标符合要求。

⑨ 重要的安全设施必须实行与主体工程"三同时"的原则，即同时设计审批、同时收工、同时验收。

⑩ 交通拥挤的地方，设置警示标志，并设专人对车辆进行调度，保证施工顺利进行和行人及车辆的安全。

⑪ 安全生产的内业管理制度。安全生产"七图二牌"须粘贴于办公室醒目位置。

七图：施工总平面图、安全网络图、电气线路平面布置图、管线分布图、临时排水走向图、消防器材布置图、工程形象进度图。

二牌：无重大伤亡事故累计天数牌、现场布置安全生产标语和警示牌。

7.1.3.2 专项安全施工防护措施

(1) 施工用电保护

① 所有施工人员应掌握安全用电的基本知识和所用设备性能，用电人员各自保护好设备的负荷线、地线和开关，发现问题及时找电工解决，严禁非专业电气操作人员乱动电器设备。

② 高压线引至施工现场的室内变电所，所内通风及排水良好，门向外开，上锁并由专人负责，其他人员不得随便进入；变压器安设位置、接地电阻符合规范要求。

③ 配电系统分级配电，配电箱、开关箱外观完整、牢固、防雨防尘、外涂安全色、统一编号，其安装形式必须符合有关规定，箱内电器可靠、完好，造型、定值符合规定，并标明用途。

④ 现场内支搭架空线路的线杆底部要实，不得倾斜下沉，与邻近建筑应有一定安全距离，且必须采用绝缘导线，不得成束架空敷设，达不到要求必须采取有效保护措施。

⑤ 所有电器设备及其金属外壳或构架均应按规定设置可靠的接零及接地保护。

a. 接零保护：在电源中性点直接接地的低压电力系统中，将用电设备的金属外壳与供电系统的零线或专用零线直接做电气连接，可使保护装置迅速而准确动作，及时切断事故电源，保证人身安全。

b. 接地保护：所有电气设备的绝缘状况必须良好，各项绝缘指标达到规定值；电气设备及其相连机械设备的金属部分必须采取保护性接零或接地，挂好接地装置示意牌；按规定保护接地的电阻值不大于 4Ω。

⑥ 施工现场所有用电设备，必须按规定设置漏电保护装置，要定期检查，发现问题及时处理解决。

⑦ 现场内各种用电设备，尤其是电焊、电热设备、电动工具，其装设使用应符合规范要求，维修保管专人负责。

a. 电焊机外壳必须接地良好，其电源的装卸由电工进行。

b. 电焊机要设单独的开关，开关应放在防雨的箱内，拉合时戴手套侧向操作。

c. 焊钳与把线必须绝缘良好、连接牢固，更换焊条应戴手套；在潮湿地点工作时，站在绝缘胶板上。

d. 严禁在带压力的容器或管道上施焊，焊接带电的设备必须先切断电源。

e. 更换场地移动把线时，切断电源，并不得手持把线爬高。

f. 多台电焊机在一起集中施焊时，焊接平台或焊件必须接地，并设置隔光板。

g. 把线、地线禁止与钢丝绳接触，不得用钢丝绳或机电设备代替零线。

h. 安全电压：对特殊场所的照明应采用安全电压。

⑧ 防触电措施。

a. 施工用电实行三级漏电配电，施工电缆线按规定架空铺设。

b. 开关箱内的漏电保护器具额定漏电电流应不小于 30mA，额定漏电应不大于 15mA，额定漏电动作时间不能大于 0.1s。

c. 保护零线按规定做好重复接地。

d. 施工照明采用 36V 低压照明线路。

e. 气焊作业双线到位。

f. 用电管理：安装、维修或拆除临时用电工程，必须由电工完成；实行定期检查制度，并做好检查记录；非电工人员不得拆改电器、电源，电工人员必须执证上岗。

g. 电工定期对施工现场用电设备进行检查，及时发现和排除电气事故隐患，尤其在雨季。

h. 施工用电的线路及设备，按施工组织设计安装设置，并符合当地供电部门的规定；严禁用电线路搭靠或固定在机械、栏杆、钢筋、管子、扒钉等金属件上；对电气设备、绝缘用具必须定期检查、测试，防雷设施在雷雨季节到来之前检测；变、配电室不应使用易燃的建筑材料，门向外开，建筑结构应符合防火、防水、防漏和通风良好的要求。

（2）机械设备安全保护

① 挖掘机、吊车、卷扬机的保险、限位装置必须齐全有效。

② 驾驶、指挥人员必须持有效证件上岗。

③ 各类安全（包括制动）装置的防护罩、盖齐全可靠。

④ 机械与输电线路（垂直、水平方向）应按规定保持距离。

⑤ 作业时，机械停放应尽可能稳固，臂杆幅度指示器应灵敏可靠。

⑥ 电缆线应绝缘良好，不得有接头，不得乱拖乱拉。

⑦ 各类机械应具备技术性能牌和上岗操作牌。

⑧ 必须严格执行定期保养制度，做好操作前、操作中和操作后设备的清洁润滑、紧固、调整和防腐工作。严禁机械设备超负荷使用、带病运转和在作业运转中进行维修。

⑨ 机械设备夜间作业必须有充足的照明。

（3）物资材料安全保证措施

工地设物资配件仓库，统一对物资进行管理；按照材料的储存要求，修建具备相应功能的仓库，做到分门别类存放、门前标志牌清楚、消防器材齐全。仓库由专人保管、看护，值班室内设报警装置。

（4）火工用品安全管理及使用

① 进场后及时与当地公安部门联系，办理需要的各种相关手续，获得管理部门的批准。

② 仓库必须干燥通风，温度保持在 $15\sim30℃$，库房四周有良好的排水沟，周围 50m 范围内无杂草、树木。配备足量的消防设备，库房装设避雷针，库房远离居民区 500m 以上，距离道路 500m 以上，炸药与雷管之间距离 100m 以上。

③ 火工用品的运输必须将雷管、导火线和炸药分开，采用专车运货，专人押运。

④ 加强爆破作业的组织指挥，接触火工用品的人员需持证上岗，严格按照爆破设计施工，按照规定的信号做好警戒工作，起爆后 15min 之内严禁进入工地。对于距离较近的设施需采取必要的保护措施。

（5）土石方工程安全保证措施

① 每天开工前，应对施工机械进行安全检查，在施工生产中，司机要按操作规程进行操作。

② 在挖方取土时，应注意不同土质土体的稳定性，防止土体滑落。

③ 运输车辆要服从指挥，信号灯要齐全，不得超速；过岔口、遇障碍时减速鸣笛；运土车辆倒车时，应有人指挥；制动器齐全并功能良好。

④ 严禁外来闲杂人员出现在作业区，施工人员进入现场必须佩戴胸卡和安全帽，不赤膊、不赤脚。

⑤ 施工现场的危险地段，应设置警示牌，并设置防护栏；安全隐患未消除，不得撤离。

7.2 基于 BIM 的施工安全管理应用

7.2.1 BIM 技术用于施工安全管理的优势

① 安全管理中的技术措施制订、实施方案策划、实施过程监控及动态管理、安全隐患分析和事故处理等宜应用 BIM。

② 在安全管理 BIM 应用中，应基于深化设计或预制加工等模型创建安全管理模型，基于安全管理标准确定安全技术措施计划，采取安全技术措施，处理安全隐患和事故，分析安全问题。

③ 确定安全技术措施计划时，应使用安全管理模型辅助相关人员识别风险。

④ 实施安全技术措施计划时，应使用安全管理模型向有关人员进行安全技术交底，并将安全交底记录附加或关联到相关模型元素中。

⑤ 处理安全隐患和事故时，应使用安全管理模型制订相应的整改措施，并将安全隐患整改信息附加或关联到相关模型元素中；当安全事故发生时，应将事故调查报告及处理决定附加或关联到相关模型元素中。

⑥ 分析安全问题时，应利用安全管理模型，按部位、时间等对安全信息和问题进行汇总和展示。

⑦ 安全管理模型元素应在深化设计模型元素或预制加工模型元素基础上，附加或关联安全生产/防护设施、安全检查、风险源、事故等信息，其内容应符合下表 7-1 的规定。

表 7-1　安全管理模型元素及信息

模型元素类型	模型元素及信息
上游模型	深化设计模型或预制加工模型元素及信息
安全生产/防护设施	脚手架、垂直运输设备、临边防护设施、洞口防护、临时用电、深基坑等。几何信息包括：位置、几何尺寸等。非几何信息包括：设备型号、生产能力、功率等
安全检查	安全生产责任制、安全教育、专项施工方案、危险性较大的专项方案论证情况、机械设备维护保养、分部分项工程安全技术交底等
风险源	风险隐患信息、风险评价信息、风险对策信息等
事故	事故调查报告及处理决定等

7.2.2 应用流程

① 收集数据，并确保数据的准确性。

② 根据施工质量、安全方案修改、完善施工深化设计或预制加工模型，生成施工安全设施配置模型。

③ 利用建筑信息模型的可视化功能准确、清晰地向施工人员展示及传递建筑设计意图。同时，可通过施工过程模拟，帮助施工人员理解、熟悉施工工艺和流程，并识别危险源，避免由于理解偏差造成施工质量与安全问题。

④ 实时监控现场施工质量、安全管理情况，并更新施工安全设施配置模型。

⑤ 对出现的质量、安全问题，在建筑信息模型中通过现场相关图像、视频、音频等方式关联到相应构件与设备上，记录问题出现的部位或工序，分析原因，进而制订并采取解决措施。同时，收集、记录每次问题的相关资料，积累对类似问题的预判和处理经验，为日后工程项目的事前、事中、事后控制提供依据。安全管理 BIM 应用操作流程如图 7-4 所示。

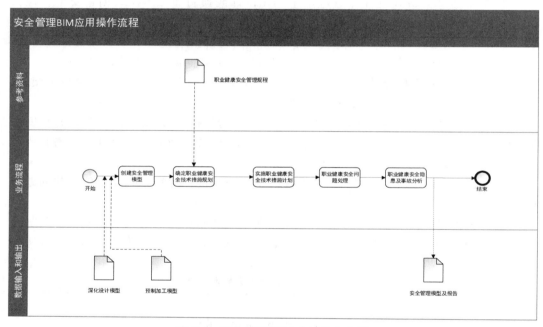

图 7-4　安全管理 BIM 应用操作流程

7.2.3　应用点操作步骤

BIM 技术的应用包括：根据安全技术措施计划识别安全风险源；支持相应地方的施工安全资料规定；基于模型进行施工安全交底；附加或关联安全隐患、事故信息、安全检查信息；支持基于模型的查询、浏览和显示风险源、安全隐患及事故信息；输出安全管理需要的信息等。

7.2.3.1　安全交底

与传统形式的安全交底相比，BIM 安全交底最大的优势在于它的可视化，能够将现场的实时情况通过 BIM 展现出来，在进行安全技术论证、交底等方面有绝对优势。

BIM安全交底主要包括以下几个方面。

(1) 安全标准化设施交底

通过BIM技术告知现场工作人员设施设备的使用技术规范，杜绝现场工人的违规操作，确保安全。对现场的施工用电设备操作等进行特殊强调，责任到人，禁止私拉私扯。对现场经常使用的移动式脚手架、电箱防护棚、基坑上下通道、切割机防护罩、消防柜、氧气瓶车等器具逐一交代，向工人传达正确的使用方法，改变以往不规范的操作方式。现场设施设备的安全标准化模型如图7-5所示。

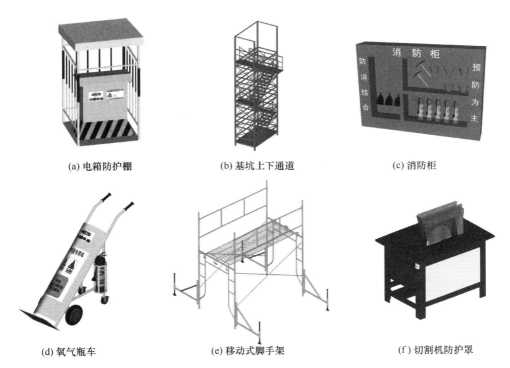

(a) 电箱防护棚　　　　　　(b) 基坑上下通道　　　　　　(c) 消防柜

(d) 氧气瓶车　　　　　　(e) 移动式脚手架　　　　　　(f) 切割机防护罩

图7-5　现场设施设备的安全标准化模型

(2) 现场危险源安全交底

① 临边防护。临边防护是指在建筑上用来保护工人安全的设备，在楼梯口、楼面周边、各种平台等地方都需要安装，主要目的是防止工人从楼上坠落。近几年，随着超高层建筑的增多，这种危险源带来的危害越来越大，所以临边防护不能大意。

临边防护安装完成之后，要及时地向工人宣传贯彻，借助BIM技术，介绍工程所有易发生高空坠落的危险点，提醒工人严加防范。对安全防护设施发生损坏的地方，也可以通过在模型中精准标记，直接交代给现场人员迅速恢复，以免意外发生。超高层楼板边防护网如图7-6所示。

② 机械作业。现场施工机械众多，大型设备的使用在方便施工的同时，也给现场的安全管理带来了隐患。人与机械之间的安全距离，机械与坑边、建筑物的安全距离，作业机械之间的安全距离，都需要在施工之前进行合理设计与规划，对机械的作业路径、人员的安全位置向现场工作人员统一部署。

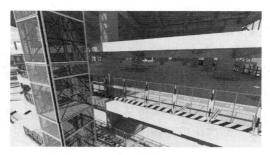

图 7-6　超高层楼板边防护网

同时，施工机械的作业位置也需要格外注意，比如吊具的摆放位置，现场预制构件的安放位置等。同样，应使用 BIM 技术在施工之前借助三维可视化功能确定机械作业使用方案，向工人宣传贯彻安全操作规程以及设定安全作业区，禁止违法越界施工，保障现场安全。某顶管作业现场机械及预制管段安放如图 7-7 所示。

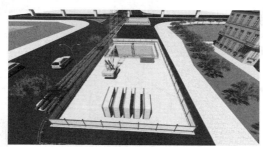

图 7-7　某顶管作业现场机械及预制管段安放

③ 脚手架。因现场施工脚手架倒塌造成的事故很多，主要原因有脚手架搭设不合规范、产品质量及市场管理不到位和施工安全管理不到位。虽然在施工前都要求脚手架安装工人具备高空作业资格，但由于部分执行施工任务的工人不能达到操作的要求，外加脚手架安装培训没有新意、工人接受能力差，造成工人的安全意识淡薄，对脚手架安装的把控能力不够。

因此，借助 BIM 技术向现场工人讲解脚手架安装方案是十分必要且十分重要的。如图 7-8 所示为悬挑式脚手架布置方案，它十分清晰地展示了整个脚手架安装过程，这样在后期的施工过程中就能对脚手架安装工艺有清晰的认识，保证现场施工的规范性。

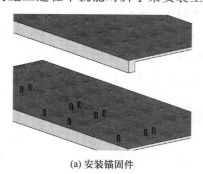

(a) 安装锚固件

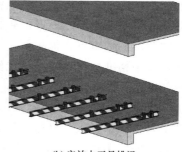

(b) 安放水平悬挑梁

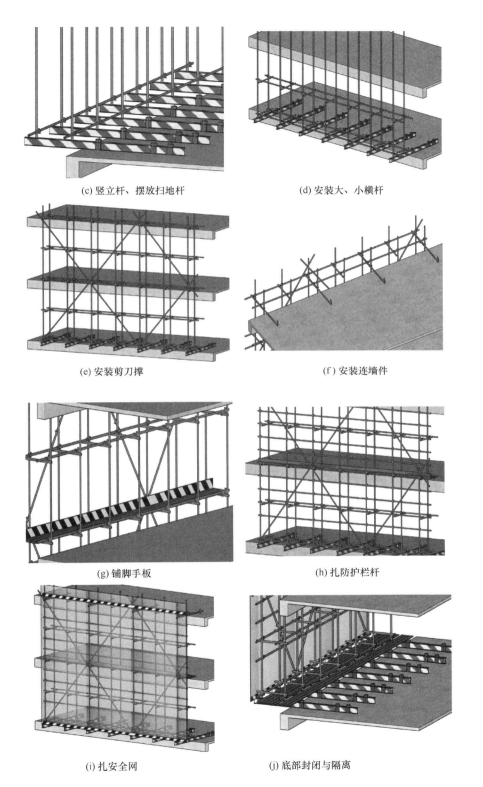

(c) 竖立杆、摆放扫地杆

(d) 安装大、小横杆

(e) 安装剪刀撑

(f) 安装连墙件

(g) 铺脚手板

(h) 扎防护栏杆

(i) 扎安全网

(j) 底部封闭与隔离

图 7-8

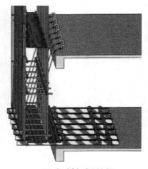

(k) 加斜打钢丝绳

图 7-8　悬挑脚手架布置

7.2.3.2　安全教育

目前建筑工地的传统安全教育主要体现为"灌输式""填鸭式"培训，尽管绝大多数工人能够顺利通过考核上岗，但安全意识却始终参差不齐。使用 VR 安全教育系统，通过对高处坠落、火灾、机械伤害、物体打击等项目的虚拟化展示、沉浸式体验，可达到施工安全教育目的。

体验式安全培训有以下优势：

① 新兴的科技体验激发了工人参与安全教育的兴趣，工人对安全事故的感性认识也会增强；

② 虚拟场景建设不再受场地限制，可形象模拟真实场景下的安全事故；

③ 体验者进入虚拟环境可对细部节点、优秀做法进行学习，获取相关数据信息，同时还可进一步优化方案、提高质量；

④ 虚拟环境中的质量模型样板（图 7-9）由专业软件绘制，可有效避免由于工人技能差别带来的样板标准化的差异，同时可以避免材料和人工的浪费，契合绿色施工的理念。

挖机作业危险源VR虚拟体验

通过语音、文字引导提示，体验因挖掘机施工操作不当，导致基抗塌方体验。模拟体验人员，操作挖掘机作业不当，通过手柄振动和视觉晃动及光感，体验导致土方塌方被掩埋的感觉。并动画复叙过程展现，被掩埋的后果。

图 7-9　虚拟模型样板

思 考 题

1. 施工安全管理应遵循哪些原则？
2. 简述项目经理的安全管理职责。
3. 如何建立以项目经理为首的安全保证体系？
4. 施工用电安全防护措施有哪些？
5. 机械设备安全保护措施有哪些？
6. 简述基于 BIM 的施工安全管理应用流程与操作步骤。

第8章

基于BIM技术的施工技术管理

本章要点

施工技术管理

基于 BIM 的施工技术管理应用

8.1 施工技术管理

8.1.1 技术管理概述

8.1.1.1 技术管理定义

建筑工程施工技术管理是以系统论观点、科学方法，对施工技术构成要素和活动进行计划与决策、组织与指挥、控制与调节。施工技术构成要素是各项技术活动赖以进行的技术标准与规程、技术情报、技术装备、技术人才及技术责任等。技术活动指熟悉与会审施工图纸，编制施工组织设计，进行施工过程中的质量检验，直至建筑工程竣工验收，包括了建筑工程全过程的各项技术工作。

建筑工程施工技术管理工作的主要意义是运用管理的职能与科学的方法促进技术工作的开展，在施工中严格按照国家的技术政策、法规和上级主管部门有关技术工作的指标与决定，科学地组织各项技术工作，建立良好的技术秩序，保证整个生产过程符合技术规范、规程，符合技术规律的要求，以达到高质量地全面完成施工任务的目的，从而使技术与经济、质量与进度、生产与技术达到辩证的统一。具体表现如下。

① 技术管理工作的好坏，很大程度上决定了企业的经营效益、企业信誉乃至企业存亡。今天的建筑工程施工必须具备一定的技术条件和技术装备，而这些技术条件和技术装备需要企业的技术力量、技术管理水平支撑。施工竞争日益激烈，技术管理水平所反映出的竞争力也较为突出。不少企业，尽管拥有雄厚的物质技术力量，但由于技术管理的薄弱，管理制度的不健全，在竞争中却处于被动的境地。管理作为永恒的话题，是关系到企业成败兴衰的关键。要提高企业的竞争能力，提高经济效益，必须抓"管理"这个关键，而技术管理则是企业管理的重要组成部分。

② 随着建筑业的发展，新工艺、新技术、新材料、新设备不断出现。同时，建设的新工程可能结构更复杂、功能更特殊、装修更新颖，从而促使生产技术水平再提高、技术装备再先进、技术管理要求更高，这也就使得施工技术管理显得更加重要。

③ 建筑施工有其特殊性。众所周知，建筑的类型、样式繁多，规模要求各不相同，施工作业受天气影响较大，而复杂的多工种交叉施工、各项技术综合应用、工序搭接较多，在这些生产过程中都需要加强技术管理，进而去保证施工正常有序地进行，以便达到预期的质量要求、使用功能要求和降低建筑成本要求的目标。

④ 技术管理能充分发挥施工人员及材料、设备的潜力，在保证工程质量的前提下，努力降低工程成本，提高经济效益和提升市场经济竞争能力。通过技术管理，才能保证施工过程的正常进行，才能使施工技术不断进步，从而保证工程质量、降低工程成本、提高劳动生产率。通过技术管理，可以逐步改变施工企业的生产和管理面貌，改变施工企业的形象，提高竞争能力，因此，企业管理者必须对技术管理工作予以足够的重视。

8.1.1.2 技术管理难点与不足

（1）施工技术管理控制模式有待提高

从我国当前建筑市场的整体情况来看，建筑工程企业中施工技术的管理状况不容乐观。这一方面是由于我国建筑市场的企业管理中部分企业在施工过程中只注重经济利益，对于施工技术的管理与控制不重视造成的；另一方面是由于在我国的工程建设施工过程中层层转包现象比较严重，由于经过层层转包之后很难知道工程的具体负责人，这样就导致施工人员在施工过程中侥幸心理严重，所以会出现不按照施工规范进行施工的现象。

（2）管理体制与管理规范有待健全、完善

目前在我国的建筑施工过程中，相关的施工技术管理体系有待完善、健全。在实际的施工管理过程中个别管理人员没有规范意识，这样的管理很容易形成施工技术上的漏洞，导致在施工过程中遗留下重大的安全隐患。现实中，往往是等到问题出现时才会引起施工方的重视，但那时已经造成了比较严重的影响，对工程造成损失是一方面，另一方面需要停工进行修理，对于施工进度也影响很大。

（3）技术管理措施落实执行不到位

任何规章制度最终都是靠人来落实执行的，如果执行落实不到位，那么最终一切都形同虚设。在当前的施工技术管理过程中，由于对于规章制度建设的不重视，导致在工程的施工过程中对于施工技术的管理不重视，相关的管理制度和技术施工规范也落实不到位，这必然导致在施工技术管理中问题频出，为工程建设留下严重的安全隐患，必须引起企业管理人员的重视。

8.1.1.3 技术管理原则

（1）经济效益原则

对于各大建筑公司而言，控制成本是提升竞争力的有效手段，尤其对于我国目前的国情而言，有效地降低施工成本几乎是企业成功的关键。建筑工程施工技术管理首要原则应该是经济效益原则，这一原则主要是指企业需要改变以往的只关注进度及质量的管理原则，应该更多地在降低成本、开拓市场上做出新的工作，在施工过程中提升生产资料的使用效率，量入为出，防止出现浪费。

（2）科学合理原则

科学技术是第一生产力，这一点在建筑工程施工技术管理中体现得很明显。施工中要努力做到以科学的原则开展工作，即做到管理的科学化，使其符合现代化的客观需求。在施工中，这一点主要体现在方法和流程的科学化上，合理科学的方法能够有效地完成经济效益的目标，而合理的流程则会提升工作效率。

（3）标准化规范化原则

这一原则是施工技术管理的基本原则，只有标准化规范化原则的彻底落实，才能有效地开展基于这一原则的工作。在施工中，这一原则体现为应摆脱主观性，无论大事小事都要有标准，并以标准作为衡量其工作质量效率的方式，这对于科学合理原则是一个很大的促进。

整体来说，这三个原则是相辅相成的，对于每一个原则的贯彻都将巩固另外两个原则的地位。在施工中，应该始终以这三个原则为总的指导思想去指导工作的开展。

8.1.2　技术管理内容

（1）施工准备阶段

①建立技术管理体系，制定技术、质量管理制度，明确各级、各岗位技术责任制；②制订项目质量计划；③制订项目"四新"应用计划；④组织各类管理人员进行各类原始资料（自然条件、技术经济条件）的调查分析，据调查分析资料选择经济合理的施工技术方案、劳动力组织方案、设备布置方案、材料组织方案、工期优化方案等，并据此编制出合理可行的"施工组织设计"文件；⑤组织各专业人员熟悉、审查图纸，参加图纸会审，并从方便施工、加快进度、保证质量、降低成本等方面综合考虑，提出合理化建议；⑥根据施工现场情况组织人员编制"施工安全组织设计""施工现场临时用电组织设计"等安全技术方案；⑦接受公司技术部门的技术交底。以上技术准备工作是施工准备工作的核心，对工程施工起着重要的指导作用，必须充分收集各生产要素信息，做好技术准备工作。

（2）施工阶段

在各工序、分项、分部工程施工前编制、审核施工技术措施、施工技术方案，并确保方案经济合理；对分（承）包方的技术、质量保证能力进行考察，做好技术交底工作；检查各技术方案的执行情况，对执行偏差进行纠正；对各检验批、分项、分部的施工过程及过程产品进行监督、检查、验收，特别是加强关键工序、隐蔽工序、"四新"计划应用产品的检查、验收管理，杜绝不合格产品进入下道工序；对质量事故进行原因分析，提出处理方案并实施和复查结果，建立质量事故档案，追溯并提出预防措施；针对工程的实际情况提出工程变更并与其他参建各方洽商，形成正式的工程变更资料；参与重要施工方案、工程变更的经济技术分析，收集、整理工程技术资料，建立工程技术资料台账；对项目的各种检测、试验、计量、测量工作进行管理。

对涉及本项目的技术标准、规范、上级技术质量管理文件进行管理，及时识别、确认其时效，确保项目施工符合当前规范和技术标准的要求。这个阶段的工作重点是加强对施工过程、过程产品质量的动态控制，确保符合本项目质量计划的要求。

（3）竣工后阶段

工程技术档案资料、其他各类技术管理资料的整理、归档；对"四新"应用项目的技术经济分析评价、项目技术管理成效、施工过程中具体技术、质量问题进行分析总结，以获取经验和教训，提出新问题和建议。如果施工技术有了突破和创新，还应整理相关资料做企业标准编写的准备。通过本阶段的总结可以使项目技术管理工作经验得到积累和升华，这是全面质量管理活动中两个 PDCA 循环之间的衔接阶段，是提高管理水平的关键环节。

8.1.3　技术管理措施

（1）认真贯彻各项技术管理制度

贯彻好各项技术管理制度是搞好技术管理工作的核心，是科学地进行企业各项技术工作的保证。技术管理制度的主要内容有：

① 施工图的熟悉、阅读和会审制度。

② 编制施工组织设计与施工场地总平面图。

③ 施工图技术交底制度。

④ 工程技术变更联系单管理制度。

⑤ 工程质量检验与评定制度，材料及半成品试验、检验制度。测定施工完成的分项工程、分部工程和单位工程的质量特征和特性，然后把测得的结果与规定的质量标准进行比较，对产品作出合格、不合格的判断。

⑥ 工程竣工，技术档案及竣工图的编制。建筑工程竣工技术档案应做到所列项目齐全，试验数量符合要求，数据准确，内容填写齐全，书写清楚，装订程序合理、整齐。竣工图是对工程进行交工验收、维护、改建、扩建的依据，所以编制时应做到及时、准确、系统、科学、完整。

⑦ 材料质量控制管理。材料控制主要包括原材料、成品及半成品的控制。材料是工程施工的物质条件，材料质量是工程质量的基础，加强材料的质量控制，是提高工程质量的重要保证。实际工程中，应从以下四个方面控制材料质量：材料计划的编制与执行；材料采购；材料的验收分类堆放；材料发放、使用追踪、清验。

⑧ 机械设备管理。施工阶段必须综合考虑施工现场条件、建筑结构形式、施工工艺和方法，经济合理地选择机械设备和工具，正确使用、管理和保养好机械设备，从而确保机械设备处于一个最佳使用状态。

⑨ 工程技术档案与竣工图管理制度。

（2）不断加强对技术工作的管理

技术管理工作需持之以恒，因此，要不断地加强技术管理组织机构建设和建立技术责任制，充分发挥好技术人员、技术工人的才干和作用。工作重点如下：

① 注重人才、培养人才是提高管理技术水平的基础。现在有些企业不注重人才培养，必将导致管理水平的下降。只有不断地发现人才、挖掘人才，同时不断地加强对现有人才的培训、学习，提高他们的生活待遇，才能使管理水平更上一个台阶。

② 实行行政和经济手段相结合的方法，大力培养和提拔技术业务人员，充分调动技术人员和技术工人的积极性。

③ 依据国家和上级主管部门颁发的各项规范、规程、标准和规定，并针对企业特点，适时地制定、修订和贯彻各项技术管理制度，并在生产实践中不断地完善和补充。严格做到技术工作有章可循，有法可依。

④ 对技术管理工作建立定期检查制度，按建制开展施工项目的总结评比，达到肯定成绩、以利再战的目的。

（3）明确责任，完善好施工技术管理责任制

在施工管理工作中，整个建筑工程的技术控制是围绕着企业经济效益的目标而执行的，要想提高工程质量，就需要健全施工技术管理责任制度，所以，合理、科学并具有可行性的预算控制是帮助企业实现高利润的重中之重，而重视建立权、责、利三位一体机制是完善责任制的基础，这样就能增强岗位上技术工作人员的责任心，让他们都能明确自己的职责和义务，按照标准来明确各自该承担的责任，既可以使员工们各司其职、相互配合，也能顺利实行企业的技术管理。

（4）树立与时俱进的技术管理观念

观念上进行更新，是对建筑工程技术管理水平提高的保障。为了适应工程技术新、材料新、工艺新和设备新的需要，企业需要在足够重视重大施工技术问题的超前研究和科研攻关的基础上，专门设立工程技术部，并为创造最佳效益和建设一流工程提供技术方面的有力支持；为了使合同管理的控制功能得到强化，建筑企业要重视合同的中心管理地位，以消除资金管理、成本控制与合同管理互相脱离的弊端为主要目标，将市场合同部与计划管理、成本管理、合同管理、财务管理和结算管理集成一体，统一做好技术管理工作。

（5）重视对施工过程中质量和技术资料的检查

众所周知，建筑工程的施工管理过程中，对企业以及项目经理管理水平高低的衡量因素有很多，比如是否能完善和有效地进行技术资料收集工作、工程质量是否达到标准等，而这些因素也是建筑企业技术检查和管理部门进行相关评定工作的重要依据，所以在施工过程中，促进工程质量和技术资料检查工作的加强就显示了不可忽视的重要性。

（6）重视技术管理的信息化建设

计算机作为企业管理重要的现代化工具，可以提高企业的技术管理水平，实现技术管理的现代化。在工程施工过程中，除了提高施工技术水平外，企业还需要依靠计算机的先进管理方法来帮助企业提高管理水平。改革开放以来，我国建筑业引入了许多现代化的管理方法，比如普遍推行计算机辅助管理和网络计划技术，这在一定范围内使施工技术管理水平得到提高，保证了工程质量、增加了投资收益，渐渐地使施工企业的日常管理活动与各种现代化技术管理手段和管理思想融合在一起。

（7）组建一支专业化程度高的技术队伍

在任何一个行业，技术人员都是企业的核心竞争力，在管理方面也是如此，所以要想使建筑工程技术管理的科学性和有效性得到保证，优秀的技术管理人员是必不可少的依靠。因此，建筑企业应该从人才的培养上下功夫，并做好相应的管理工作，建立一支专业化程度高的技术队伍。同时，还要严格执行技术管理人员凭证上岗的制度，努力做好技术管理的科学性工作。

8.2　基于 BIM 的施工技术管理应用

8.2.1　应用流程

8.2.1.1　竣工验收模型信息分类

竣工验收模型的信息形式主要包括表格信息、文档信息、图片信息、多媒体信息、虚拟现实信息等。将竣工资料信息与模型进行链接，可形成一整套完整的竣工验收模型信息，BIM 竣工验收模型中涉及的信息满足国家现行《建筑工程资料管理规程》（JGJ/T 185—2009）《建筑工程施工质量验收统一标准》（GB 50300—2013）中要求的质量验收资料信息及业主运维管理所需要的相关资料。竣工验收产生的信息符合国家、行业、企业的相关标准、规范要求，并按照合同约定的方式进行分类。施工模型及资料包含但不限于管理资料、技术资料、测量记录、物资资料、施工记录、试验资料、过程验收资料等。

8.2.1.2 上游数据模型信息的接收、输入

上游数据模型信息主要包含：设计模型信息、施工模型信息、设备材料信息、业主提供的信息等其他相关信息。设计模型信息包括设计参数信息、材料信息、设备技术参数信息等相关信息，设计模型信息具有开放性、可编辑性；施工模型信息包括施工资料、深化设计、设计变更、工程洽商及设备进场信息；设备材料信息包括选定的设备材料的主要技术参数信息、国家行业规范规定的重要材料、设备厂家、复检信息、维保单位信息等，且信息具有开放性；业主提供的信息主要包括立项决策、建设用地、勘察设计、招投标文件及合同、开工、商务、竣工验收等其他备案的相关信息。

按照现行的行业标准《建筑工程资料管理规程》（JGJ/T 185—2009）及业主运维的基本要求输入竣工阶段生成的其他相关信息。接收、输入的质量验收信息要符合现行国家标准《建筑工程施工质量验收统一标准》（GB 50300—2013）中要求的质量验收资料信息。

8.2.1.3 信息整合及验收

各专业承包商向模型整合单位提交本专业竣工验收模型，并办理相关模型移交手续，进行模型使用说明的书面交底。由模型整合单位向建设单位提交整合后的竣工验收任务信息模型，并办理相关模型移交手续，同时进行模型使用说明的书面交底。竣工验收模型提交单位或整合单位，随同竣工验收模型一并提交竣工验收模型管理目录等文件，并进行电子签章。模型信息执行"谁输入、谁检查"且负责到底的原则，确保接收方获取的信息完整、准确无误。最终提交给建设单位的竣工验收模型应满足以下要求：

① 模型信息已经过审核并删除冗余信息；

② 模型信息是最新版本；

③ 模型信息的数据及格式符合项目数据交换协议要求。

8.2.1.4 整合后的数据输出

整合后的竣工验收模型，其数据的输出采用标准格式；对于模型文件，依照建模软件的不同，分别输出不同格式。同时，为保证各部分、各专业的相互传递，输出 IFC 模型格式；对于文档格式，输出 DOCX、PDF、CAD 格式；对于图片格式，输出 JPG 格式。模型文件与文档文件通过模型软件建立外部链接，实现模型中各构件的实时资料调用和查看，竣工验收模型信息与传统纸质竣工图相吻合，设计变更、工程洽商信息在竣工验收模型中有差异化标记以区别基础设计模型。

8.2.1.5 信息的维护与调用

模型及附属信息、标注信息的输入者、输入时间、应用软件及版本、编辑权限，针对不同的信息接收方进行权限的分配，保证信息的安全性。相关任务方需设置专人对信

息进行管理维护，保证信息的及时更新。相关管理系统信息数据采取数据库存储的方式与 BIM 信息模型关联，以便相关任务方直接调取。

8.2.2　应用点操作步骤

8.2.2.1　BIM 模型管理

(1) BIM 模型创建及维护

BIM 模型是 BIM 应用的基础，模型的细度关系到应用的深度和广度。总包单位应严格把控模型创建、深化及后期维护的质量，确保 BIM 模型能真正反映项目的实际情况。若设计单位提供 BIM 模型，则总包单位需要根据自身施工需要及施工细度要求进行模型的审核及完善；若设计单位没有提供 BIM 模型，总包单位需要制订 BIM 模型创建的标准及计划，提前基于设计图纸组织相关方完成模型创建。在模型审核或创建过程中，应注意对设计图纸进行审查，汇集问题后在图纸会审会议上讨论，提出合理化修改建议供业主及设计方参考。在服务期内，总包单位应基于合约要求保证 BIM 模型及模型信息的准确性、完整性，在深化设计和现场施工过程中不断深化模型和丰富模型的信息。总包单位应根据设计变更以及现场实际进度修改和更新 BIM 模型，同时根据合约要求的时间节点，提交与施工进度和深化设计相一致的 BIM 模型，供业主审核。

专业分包创建各自专业的 BIM 模型。在创建的 BIM 模型中，除几何信息，还应包含模型元素的规格型号、材料、用量、精度等工程信息，构成完整的三维工程信息模型，为模型的 3D 展现、动态导航浏览、模型信息查询和统计提取、生成深化设计工程图纸资料，并且为碰撞检查、整体模型的合并整合、施工方案模型构建、4D 进度模型和 5D 成本模型构建提供专业模型基础，如图 8-1 所示。

图 8-1　动态模型整合

（2）BIM 模型综合协调

总包单位和业主在专业工程和独立分包工程合同中应明确分包单位创建和维护 BIM 模型的责任，总包单位负责协调、审核和集成各专业分包单位（供应单位、独立施工单位、工程顾问单位等）提供的 BIM 模型及相关信息。总包单位对各施工分包单位提供 BIM 技术支持和培训，以保证施工分包在施工过程中应用 BIM 模型。分包单位要安排专人积极配合 BIM 模型的综合应用，及时反馈过程问题及修改意见。在施工中，总包单位督促及审核各分包单位完成模型的更新、深化以及相关信息的录入，分阶段验证 BIM 模型及应用成效，形成相关的验收意见，在项目结束时，基于合约要求向业主提交真实准确的竣工 BIM 模型、BIM 应用资料和设备信息等，确保业主和物业管理公司在运营阶段掌握充足的信息。

（3）BIM 模型管理流程

在施工总承包管理过程中，总包单位及各分包方要应用施工图设计模型、深化设计模型、施工过程模型完成竣工验收模型。模型应用与优化以及在实施过程中的工作协同按照流程进行，如图 8-2 所示。

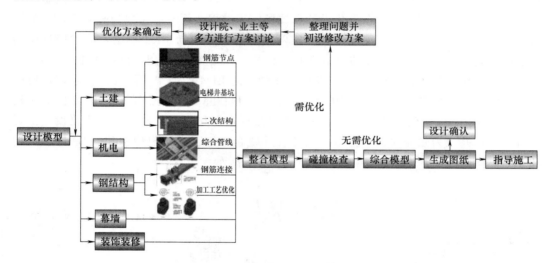

图 8-2　BIM 模型应用流程

（4）BIM 模型验收要求

项目 BIM 团队按总体施工计划，分层、分区、分专业对 BIM 模型进行有计划、有目的的集成与应用。在合约有要求的情况下，总承包单位可负责汇总、整理最终的竣工验收模型，向业主提交真实准确的竣工验收模型、BIM 应用资料和设备信息等，为业主和物业运营管理单位在运营阶段提供必要的信息。

① 深化设计阶段 BIM 模型验收。各专业深化的 BIM 模型需满足深化设计阶段 BIM 模型标准的要求，并符合总包单位综合协调的要求和经过业主审批，由总包单位负责汇总 BIM 模型并交付设计审核。

② 施工阶段 BIM 模型验收。各专业分包单位在施工过程中应不断更新深化设计 BIM 模型，满足施工模型的要求，包括设计变更的 BIM 模型修改、材料统计信息的完善、进度管理信息的完善和施工工艺模拟的完善等方面，并将更新模型提交总承包单位

重新进行综合协调检查审核，由总包单位和业主单位审核通过的 BIM 模型可满足施工阶段 BIM 模型的验收要求，并由总包单位负责汇总 BIM 模型交付业主。

③ 竣工 BIM 模型验收。工程竣工后，各专业分包单位将各自专业施工 BIM 模型和信息按照竣工 BIM 模型的标准进行完善，总承包单位进行模型汇总及资料的审核并最终上交业主。

(5) 文档管理

项目的协同文档管理是项目文件管理的核心，也是项目 BIM 管理能否实现的最重要的步骤。将文档（勘察报告、设计图纸、设计变更、会议记录、施工声像及照片、签证和技术核定单、设备相关信息、各种施工记录、其他建筑技术和造价资料相关信息等）通过手工操作和 BIM 模型中相应部位进行链接，为项目的施工和竣工资料移交服务，为业主方或运营方提供数据信息。

总包单位建立初步的文档管理目录，分包方按照自身需求提供文档管理目录，总包进行汇总后进行统一规定，同时给予分包方其施工范围内目录及文档的管理权限。文档管理需要总包方安排专人定期进行检查，形成相关检查报告对分包方进行督促及更新整改，作为分包方 BIM 应用评价的一部分内容。

BIM 模型和 BIM 应用成果文档是项目文件的一部分。各分包方 BIM 团队应根据合约要求按时提交给总包方全部 BIM 模型文件（包括过程和成果模型）和 BIM 应用成果文档的最终版本。总包方对各分包模型的验收标准进行规定和管理，各级模型的验收标准按模型细度标准和合同执行。

8.2.2.2　技术文档管理

(1) 图纸会审

它是施工准备阶段总包单位技术管理的重要内容之一，图纸的质量直接影响施工图纸会审的正常进行，对于保证施工进度与质量有重要意义。传统的图纸会审需要各专业自行进行二维图纸的对比、审查，检查图纸内容是否有错漏、是否有影响施工的因素，耗时耗力，很多空间错误及与其他专业交叉部位的问题无法提前发现，会审的效率也比较低。

利用 BIM 模型进行图纸会审，相当于先在电脑上进行一遍施工，图纸的问题在建模过程中就会被直观发现，模型汇总后的碰撞检查还可进一步发现各专业图纸间的问题，大大提高图纸检查的质量与可预见性。在图纸会审会议上还可利用 BIM 模型进行问题的汇总，各参与方可在同一平台上进行问题的讨论，提高会审会议的效率与质量。应用 BIM 的三维可视化功能辅助图纸会审，更加形象直观。

基于 BIM 的图纸会审，各专业利用相关 BIM 软件进行模型的创建。根据应用经验，土建模型的创建推荐使用 Revit，机电专业选用 Revit 或者 Magicad，钢结构专业可选用 Tekla，装饰（幕墙）专业可选用 Revit、Rhino 等，其他专业可选用本专业适用性比较强的软件。组织各专业两两之间分区、分段、分层地有组织地利用 Navisworks 进行碰撞检查，其中各软件应在保证模型信息完整的前提下，导出 NWC 格式文件。

基于 BIM 的图纸会审要注意以下几个方面：

① 总包单位在组织图纸会审前，各专业分包相关人员应熟悉图纸，在创建模型的过程中，发现图纸中隐藏的错、漏、碰、缺等问题，并将问题汇总，在完成模型创建之

后通过软件的碰撞检查功能进行专业内以及各专业间的碰撞检查，进一步检查设计图纸中的问题。

② 在图纸会审前将发现的问题在三维模型中进行标记；在会审时，将三维模型作为各方会审的沟通媒介，对问题进行逐个评审并提出修改意见，可以大大地提高沟通效率。

③ 在进行会审交底过程中，总包单位通过三维模型就会审的相关结果进行交底，向各参与方展示图纸中某些问题的修改方法。

（2）深化设计

深化设计是指深化设计人员在原设计图纸的基础上，结合现场实际情况，对图纸进行完善、补充，绘制成具有可实施性的施工图纸。深化设计后的图纸应满足原设计技术要求，符合相关地域设计规范和施工规范，并通过审查，能直接指导施工。总包单位在组织各专业进行专业内的深化设计之后，还要组织各专业进行专业间的协调深化设计，解决专业间的问题。基于 BIM 的深化设计是应用 BIM 软件进行深化设计工作，极大提高了深化设计的质量和效率。

基于 BIM 的深化设计，软件应用方案与图纸会审相似。各专业可直接利用图纸会审的模型或者业主提交的模型。若无现成模型，需自行创建模型。根据以往应用经验，土建模型的创建推荐使用 Revit，机电专业选用 Revit 或者 Magicad，钢结构专业可选用 Tekla，装饰（幕墙）专业可选用 Revit、Rhino 等，其他专业可选用本专业适用性比较强的软件。各专业在相应的软件中进行模型的深化设计，需要与其他专业进行碰撞检查时，可利用 Navisworks 进行专业协调和碰撞检查，最终完成深化设计工作。

基于 BIM 的深化设计应注意以下方面：

① 各专业深化设计人员在收到设计单位的图纸交底之后，通过制定相应的深化设计原则，各专业通过安排专业的建模人员严格按照设计施工图纸进行各专业施工图设计模型的创建。各专业应在总包单位规定的原点以及轴网标高内进行，方便后期模型的整合。

② 在多专业间进行协调深化设计时，总包单位将各专业深化设计后的模型按照统一的原点以及轴网标高整合到一起，形成项目的整体模型，在三维模型中通过碰撞检查发现各专业之间的碰撞点。还可通过三维漫游，以第三人的视角对三维模型进行巡视，并检查相关净高以及净宽。最后，各方在总包单位的统一协调下解决相关问题。

（3）施工组织模拟

施工组织文件是总包管理中技术策划的纲领性文件，是总包单位用来指导项目施工全过程各项活动的技术、经济和组织的综合性文件，是施工技术与施工项目管理有机结合的产物，它能保证工程开工后施工活动有序、高效、科学合理地进行。

在施工前，总包单位可利用施工模型以及施工组织文件进行施工组织模拟，并将人力、资金、材料、机械和平面组织等信息与模型关联进行施工组织模拟，优化施工组织设计，指导虚拟漫游、视频、说明文档等成果的制作。各分包单位在总包单位施工组织设计的框架下进行各自专业的施工组织设计模拟，如图 8-3 所示。

总包单位在进行施工组织设计模拟过程中，对施工进度相关控制节点进行施工模拟，展示不同的进度控制节点。基于 BIM 的施工组织设计为劳动力计算，以及材料、

图 8-3　BIM 施工模拟

机械、加工制品等的统计提供了新的解决方法。进行施工模拟的过程中，将资金以及相关材料资源数据录入到模型当中，在进行施工模拟的同时也可查看在不同的进度节点相关资源的投入情况。

总包单位基于 BIM 的施工组织模拟，结合各专业深化设计模型，采用 MS Project 或者 P3/P3EC/P6 进行进度计划的编制，利用 Navisworks 进行相关施工流程的模拟以及相关施工交底动画的制作，模型需要优化时，利用相应的模型创建软件对模型进行修改优化，可高效完成施工组织和方案优化工作。

思　考　题

1. 建筑工程施工技术管理工作的主要意义是什么？

2. 施工技术管理原则一般包括哪些内容？

3. 施工阶段技术管理的内容有哪些？

4. 施工技术管理措施有哪些？实施效果如何？

5. 根据《建筑工程施工质量验收统一标准》（GB 50300—2013），质量验收资料包含哪几类？

6. 简述基于 BIM 的施工技术管理应用流程与操作步骤。

第9章
BIM应用案例

本章要点

9.1　工程概况

项目名称：A办公楼。

建设地点：上海地区。

项目由 1 个单体组成，地上 5 层，地下 1 层，基础类型为桩基承台，结构类型为混凝土框架。项目总建筑面积 59750m^2，地上建筑面积 57607m^2，地下建筑面积 2143m^2。工程设计标高±0.000 相当于吴淞高程绝对标高 4.500m，建筑物室内外高差为 0.3m。

9.2　基于BIM的施工场地布置

传统施工场地布置一般根据编制人员施工经验结合一些基本现场情况完成。场地平面布置涉及的问题贯穿所有现场活动，综合性极强，而且现场活动本身又是一个动态的过程，因此，在施工前很难分辨布置方案的优劣。在实际生产过程中，早期的布置方案不可能尽善尽美，运距较大、设备支设空间不足、设备覆盖面不够等小问题时有发生。如果出现严重问题甚至需要重新对场地布置进行调整，将造成浪费。

BIM 在施工场地平面布置上的核心是运用三维仿真技术表达建筑施工现场实际情况或远景规划，辅助决策者形成合理合规的最经济方案。整体应用思路是通过相关信息形成拟布置方案，再分别进入两个优化模块进行检测与调整，形成最终方案后生成相关准备与策划内容。

本例通过鲁班 BIM 系统中的鲁班场布软件对现场进行布置。在平面布置中对施工机械设备、办公场所、道路、现场出入口、临时堆放场地等布置进行合理优化；在现场交通组织上，充分考虑现场大型机械设备安装和重型车辆的进出场问题；在物流组织上，尽量避免土建、安装专业施工相互干扰，优化物流组织的程序；施工用房布置考虑分包单位进出场时间、劳动力计划曲线，合理安排办公用房设置时间；施工材料堆放场地应尽量设在水平运输机械的行程范围内，减少二次搬运；现场临时设施和场地铺装的设计以绿色施工为指导方针，重视减少对资源的消耗、减少废弃物的排放、减少对环境的影响等方面问题。具体操作流程如图 9-1 所示。

图 9-1　软件操作流程

9.2.1　图纸调入

导入 CAD 图纸：将施工场布相关图纸导入鲁班场布软件，通过"CAD 转化→导入CAD"调入图纸，如图 9-2 所示。

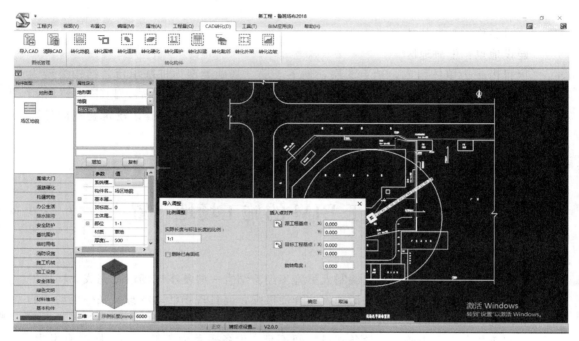

图 9-2　导入 CAD 场布图纸

9.2.2　场地设施布置

图 9-3　属性定义选择

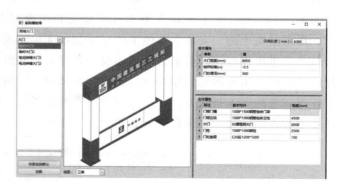

图 9-4　构件编辑设置界面

① 属性设置。对相应构件进行属性设置（例如，对大门、地坪道路、临时用房、运输设置等方面进行选择、设置、修改等），如图9-3、图9-4所示。

② 线性构件绘制。点击"绘制围墙→生成围墙"等，如图9-5所示。

图9-5　绘制围墙　　　　　　　　　　　图9-6　布置"办公生活"

③ 布置构件。点击"办公生活→活动板房"，如图9-6、图9-7所示。

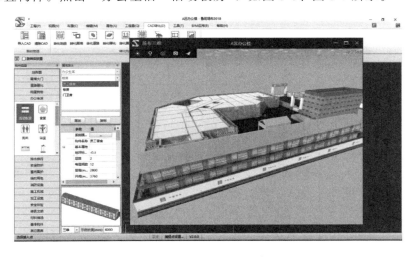

图9-7　布置"活动板房"

④ 绘制面构件。如图9-8所示。

⑤ 出具施工详图。如图9-9所示。

⑥ 出具三维图。如图9-10所示。

9.2.3　场地设施统计

出具工程量报表：构件汇总表如图9-11所示。

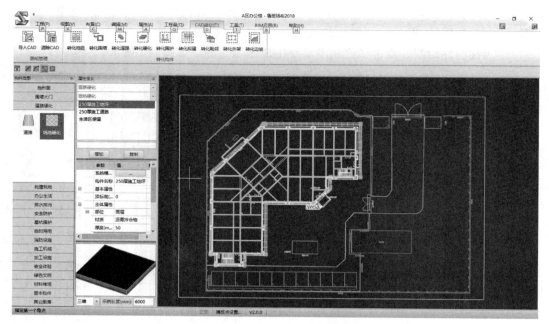

图 9-8　绘制面构件

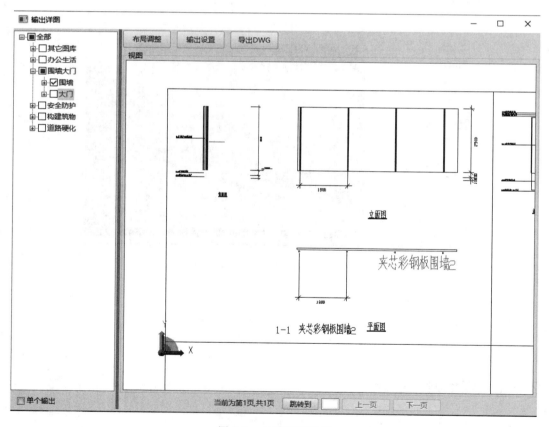

图 9-9　出具施工详图

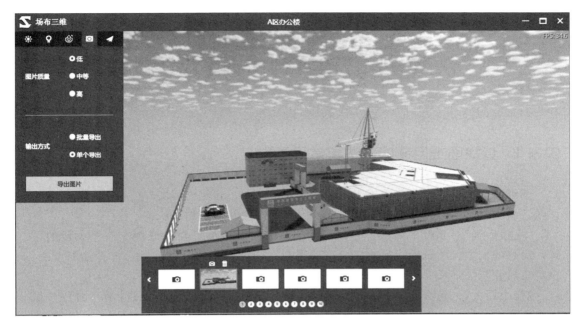

图 9-10　出具三维图

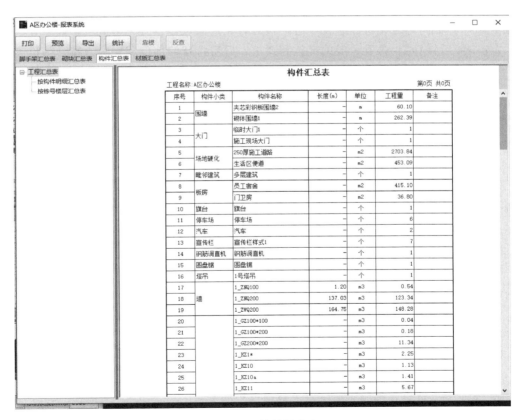

图 9-11　构件汇总表

9.3 基于 BIM 的图纸深化设计

9.3.1 查找图纸问题的方法和常见类型

图纸会审工作首先应熟悉施工图，如建筑平面图、建筑立面图、建筑剖面图、建筑详图、结构施工图、设备图等。查找图纸问题的方法及要领如下所述。

"先粗后细"。先看平面图、立面图、剖面图，对整个工程的概貌有一个大致的了解，对总的长宽尺寸、轴线尺寸、标高、层高有一个大体的印象，然后再看细部做法，核对总尺寸与细部尺寸。

"先小后大"。先看原图再看大样图，核对平面图、立面图、剖面图中标注的细部做法与大样图的做法是否相符，所采用的标准构配件图集编号、类型、型号与设计图纸是否矛盾，索引符号是否存在漏标，大样图是否齐全等。

"先建筑后结构"。先看建筑图，后看结构图，并把建筑图与结构图相互对照，核对其轴线尺寸、标高是否相符、有无矛盾，核对有无遗漏尺寸、有无构造不合理之处。

"先一般后特殊"。先看一般的部位和要求，后看特殊的部位和要求。特殊部位和要求一般包括地基处理方法，变形缝的设置，防水处理要求和抗震、防火、保温、隔热、隔声、防尘、特殊装修等技术要求。

"图纸要求与实际情况结合"。核对图纸有无不切合实际之处，如建筑物相对位置、场地标高、地质情况等是否与设计图纸相符，对一些特殊的施工工艺施工单位能否做到等。

常见的图纸问题种类有：

① 建筑、结构说明互相矛盾或者意图不清，中轴线位置不一致，相对尺寸标注不清楚；

② 建筑、结构图梁柱尺寸不一致，圈梁、过梁、构造柱的布置不一致；

③ 建筑装饰装修表未包含所有房间；

④ 楼梯踏步高和数量与标高不相符；

⑤ 建筑立面图中的结构标高与结构图每层的标高不相符；

⑥ 建筑平面图的门、窗、洞口尺寸、数量与门窗表里的尺寸、数量不相符；

⑦ 房间无门，门窗洞口平面尺寸不足；

⑧ 卫生间未设置地漏示意图及重点说明；

⑨ 镀锌钢丝网宽度不明确（一般为不小于 200mm）；

⑩ 屋面防水材料、构造做法以及上翻高度不明确；

⑪ 室外散水、坡道、台阶等做法不明确；

⑫ 外墙迎水（土）面保护层取值为 50mm 时，保护层内没有网片钢筋（设计有不

同描述）；

⑬ 基坑内基础无构造详图及说明；

⑭ 后浇带做法无节点详图。

9.3.2 记录图纸问题的方法

为了使记录的图纸问题更加清晰明了、简单易懂，需要制定统一的标准，方便内部与内部、内部与外部查看，见表 9-1。

表 9-1　图纸问题记录表

序号	图纸编号	图纸问题	设计答复 （模型暂处理方法）

① 图纸编号栏应严格按照图纸中标示的图纸编号进行描述，并附上版本号，如图 9-12 所示。

② 多张图纸时，图纸编号之间可加"、"或"/"一并描述，也可多排放置。

③ 图纸问题栏中，土建和钢筋专业应整合为"土建"。

④ 图纸问题描述要求。问题描述过程要包含 3 个要素："轴线位置""构件名称""错误内容（暂处理办法）"。在此基础上，语言简明扼要，不要有形容词和口语话用词，避免介词乱用，避免软件功能用词（不要把软件里的词语带入图纸问题描述中，如图层、0 墙等），尽量不要出现错别字。

正确示例如图 9-13 所示。

图 9-12　图纸编号

图 9-13　图纸问题交底

《中华人民共和国建筑法》第五十八条规定："工程设计的修改由原设计单位负责，建筑施工企业不得擅自修改工程设计。"因此，需要明确地与设计院及施工企业进行图纸问题交底。

提出图纸问题时，"请明确"是经常出现的一个词，这是因为在国标图集中，有很多条目都写明"由设计指定""由设计注明"等。

需要对设计院及施工企业进行图纸问题交底，对所提图纸问题应足够熟悉，选择主要问题进行详细交底。

9.3.3 图纸问题交底

图纸问题交底流程一共分为 4 个步骤：

① 将土建、钢筋两专业图纸问题进行整合，完成第一轮筛选和优化。

② 同一单体的土建和钢筋建模人员同时对现场技术人员进行交底，对照图纸问题和模型，逐条进行梳理，完成第二轮筛选和优化。

③ 与客户交底。在多方（单位）举行"图纸会审"以前先与项目技术负责人进行交底沟通，结合现场实际做第三轮的筛选和优化。如果错过了"图纸会审"，应尽量与施工单位组织一次单独的图纸问题交底。开现场交底会议时，应尽量讲详细一些，优先讲重要的和即将出现的问题，可与技术人员讨论模型中暂行的处理方法，待日后接到设计答复后，严格按设计要求处理模型。

④ 向设计交底。提交图纸问题的文档，主动参加现场交底会议（协助图纸会审），做好充分的准备，应对所提图纸问题足够熟悉，选择主要问题做详细交底，次要的可带过。交底时，必须结合 BIM 系统进行交底，利用视口管理提前保存好视口。

9.4 基于 BIM 的施工进度管理

随着国内建设项目不断地大型化、复杂化，传统施工进度计划编制方法无法对大量信息以及高度复杂的数据进行高效处理，具体表现如下：

① 在编制进度计划时使用甘特图更符合工程师思维模式，但甘特图的表现形式不利于优化调整。通常的解决方案是将甘特图表现成双代号网络，但由于工程体量一般较为复杂，因此这一过程比较耗时；同时，人工转换很难避免出现错误。

② 在使用过程中，施工进度总计划很难持续用到工程项目竣工。一旦出现严重影响工期的不确定事件（如大范围图纸变更、施工许可纠纷等问题），呈静态的进度计划就要推翻后重新编制。

③ 针对一些特殊的大型工程，编制进度计划的过程考虑因素过于复杂繁多，相关配套资源分析预测难度也较大，因此，丢项漏项情况时有发生。

BIM 技术在施工进度计划上的应用一定程度上帮助施工方解决了上述问题。如通过鲁班的 BIM 系统之鲁班进度计划对计划进度进行模拟。通过 BIM 技术将工程项目进度管理与 BIM 模型相互结合，用横道图和网络图相辅相成的展示方式，将模型与进度进行关联，为 BIM 模型数据库提供时间维度数据。具体操作流程如图9-14 所示。

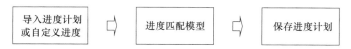

图 9-14　软件操作流程

9.4.1　施工模型及进度的调入

① 打开鲁班进度计划（Luban Plan），输入账号和密码登录，如图 9-15 所示。

图 9-15　登录界面

② 选择"新建进度计划"进行进度计划名称设置和按需要下载关联的 BIM 模型，如图 9-16、图 9-17 所示。

图 9-16　新建进度计划

图 9-17　关联模型

③ 对关联模型选择之后，下载 BIM 模型文件，导入 Excel 格式或 Project 格式的进度计划文件，或者在软件中进行进度计划的新建任务设置。以导入 Excel 进度计划文件为例，如图 9-18、图 9-19 所示。

图 9-18　导入 Excel

图 9-19　选择进度计划

④ 选择已经编辑好的进度计划文件，点击"打开"，识别进度计划，如图 9-20 所示。

图 9-20　识别进度计划

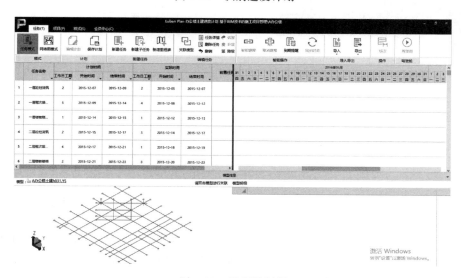

图 9-21　进度计划图

施工项目管理中的BIM技术应用

⑤ 导入进度计划后，软件将自动识别任务名称、工期、开始时间、结束时间，如图 9-21 所示。

9.4.2　编辑进度计划

① 双击模型区域弹出关联进度计划界面，如图 9-22 所示。

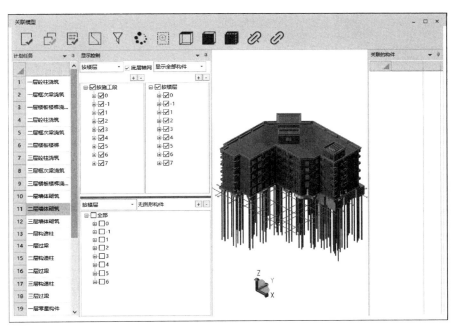

图 9-22　关联进度计划界面

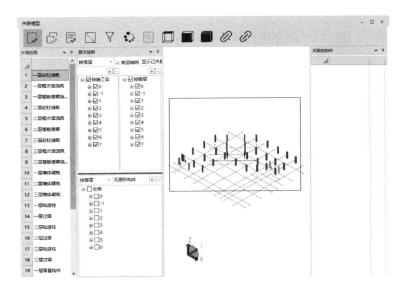

图 9-23　筛选关联模型

② 选择需要关联模型的施工任务，点击"显示控制→按楼层"进行筛选，选出与施工任务关联的模型，如图 9-23 所示。使用"常规选择"命令进行框选，将模型构件与施工任务关联，框选后点击鼠标右键确认，关联后界面如图 9-24 所示。按此步骤完成所有施工任务的关联。

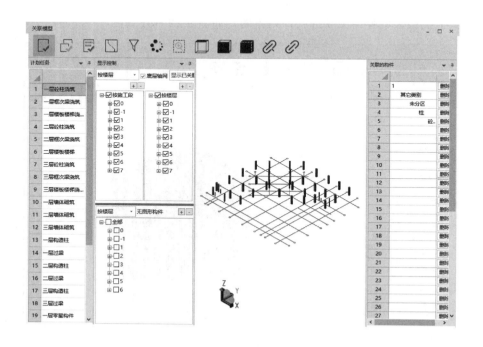

图 9-24　关联任务

9.4.3　保存及进度计划的应用

① 关联好模型后需要将数据同步到服务器中才可以进行数据共享应用，点击"保存计划"，如图 9-25 所示。

图 9-25　保存计划

② 进度计划和 BIM 模型关联好后，进入驾驶舱中对模拟施工进度进行虚拟展示，如图 9-26 所示。

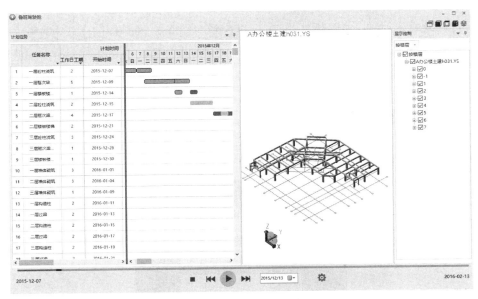

图 9-26　动态虚拟展示

9.5　基于 BIM 的施工质量管理

　　工程项目质量管理是指力求实现工程项目总目标的过程中，为满足项目的质量要求所开展的有关监督活动。目前设计院全部都是分专业设计，机电安装专业甚至还要区分水、电、暖等专业，且大部分设计都停留在二维平面，要把所有专业汇总在一起考虑，还要赋予竖向的高度，形成三维形态，在流水施工中多专业施工人员同时进行施工，如何避免返工现象对施工人员的素质等要求都很高，遇到大型工程质量管理工作更是难上加难。通过软件计算进行碰撞检查的方式，可直接把二维图纸变成三维模型并整合所有专业，如门和梁打架，通过软件内置的逻辑关系可以自动查找出来，在开工前进行协同优化、指导施工，能减少返工，保证施工质量。

　　通过鲁班 BIM 系统之鲁班集成应用（Luban Works）可满足项目质量要求：将模型数据进行整合，一目了然地发现各个专业的冲突与碰撞；对各个专业针对管线碰撞且空间狭小的区域，协助指导施工。通过鲁班 BIM 系统的移动应用端（MyLuban）可满足项目监管要求：能快速查看施工构件信息，包括尺寸、工程量、材质等，可通过图像的形式将施工全过程与模型进行关联，管理者通过另一客户端即可对图像内容进行审批，实现数据化、可视化管理。

　　本节主要介绍鲁班集成应用（Luban Works）管线综合案例操作，鲁班集成应用具体操作流程如图 9-27 所示。

图 9-27　软件操作流程

9.5.1　多专业模型数据查看

① 打开鲁班集成应用（Luban Works），输入账号和密码登录，如图 9-28 所示。

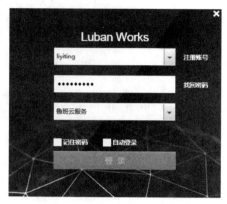

图 9-28　Luban Works 登录界面

② 点击"打开工程"选择要打开的安装工程，选择界面如图 9-29 所示。

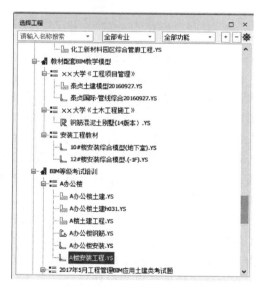

图 9-29　选择工程

③ 如果不是综合模型而是按照专业进行管理，需要先通过创建工作集→工作集命名→项目选择→关联模型的操作将各个专业以工作集的形式进行整合，如图 9-30 所示。

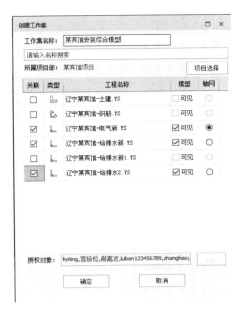

图 9-30　创建工作集

打开综合模型或者工作集综合模型，如图 9-31 所示。

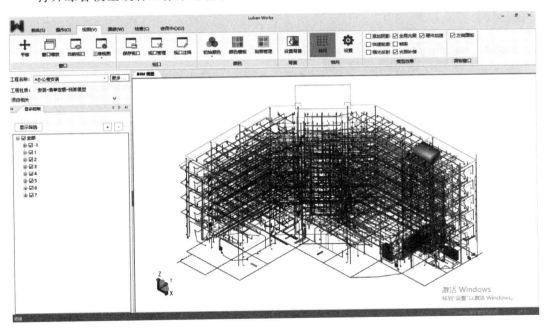

图 9-31　打开模型

确认碰撞检查规则是否满足工程要求，如图 9-32 所示。

为了提高效率，选择需要进行碰撞检查的楼层进行碰撞检查，如图 9-33 所示，设置好相应参数后点击"碰撞"进行碰撞检查。

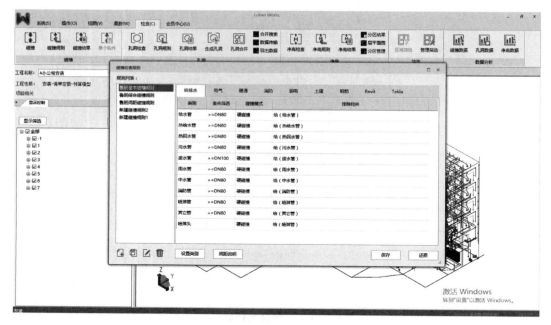

图 9-32 碰撞检查规则设置

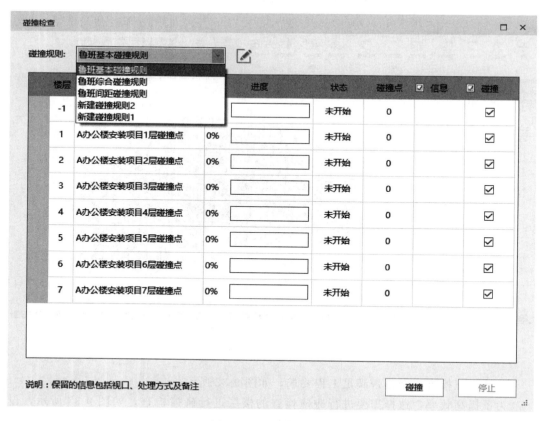

图 9-33 碰撞规则设置

9.5.2 碰撞检查及查看

优点及价值：可以快速检查筛选碰撞点，针对复杂节点生成剖面图并给出处理意见，指导现场施工；可对碰撞点进行定位反查，在三维模式下查看 BIM 模型碰撞点；对碰撞点问题处理方式进行标注，方便区分问题主次。

① 碰撞检查后显示碰撞结果，如图 9-34 所示。

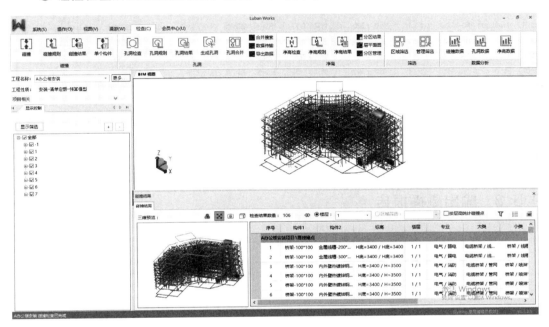

图 9-34 碰撞结果

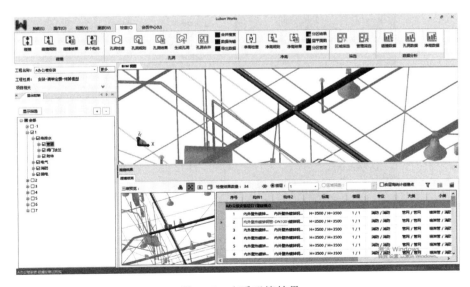

图 9-35 查看碰撞结果

② 双击碰撞结果列表中的碰撞点，软件将切换到该位置，可以通过鼠标旋转放大模型，左侧"显示控制"栏只显示发生碰撞的构件，可达到清晰查看的要求。若三维预览区域显示不清晰，需要进行调整并点击小相机保存视口，以免影响报告的输出，如图9-35所示。

	标高	楼层	专业	大类	小类	系统编号	轴网位置	处理方式
锌钢...	H=3500 / H=3500	1/1	消防 / 消防	管网 / 管网	喷淋管 / 消防管	PL-1 / XF-1	其他位置	活动问题
锌钢...	H=3500 / H=3500	1/1	消防 / 消防	管网 / 管网	喷淋管 / 消防管	PL-1 / XF-1	其他位置	活动问题
锌钢...	H=3500 / H=3500	1/1	消防 / 消防	管网 / 管网	喷淋管 / 消防管	PL-1 / XF-1	其他位置	活动问题 / 已忽略 / 已核准 / 已解决
锌钢...	H=3500 / 800=3500	1/1	消防 / 消防	管网 / 管网	喷淋管 / 消防管	PL-1 / XF-1	其他位置	
锌钢...	H=3500 / H=3500	1/1	消防 / 消防	管网 / 管网	喷淋管 / 消防管	PL-1 / XF-1	其他位置	
锌钢...	3500~4250 / H=3500	1/1	消防 / 消防	管网 / 管网	喷淋管 / 消防管	PL-1 / XF-1	其他位置	活动问题
锌钢...	3500~4250 / H=3500	1/1	消防 / 消防	管网 / 管网	喷淋管 / 消防管	PL-1 / XF-1	其他位置	活动问题

图 9-36　确认碰撞处理方式

③ 对筛选出来有价值的碰撞点进行备注，确认碰撞处理方式，方便后续快速查找和交底使用，如图9-36所示。

9.5.3　输出碰撞报告

① 根据所需情况进行碰撞结果筛选，如图9-37所示。

图 9-37　条件筛选

② 筛选后可以输出碰撞报告，用于纸质文档沟通，如图9-38所示。

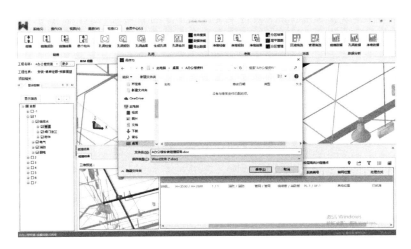

图 9-38　输出报告

③ 输出的碰撞报告包含碰撞点视图、碰撞构件位置说明及设计院回复栏，这个内置表格基本满足使用需求，若还需增加响应示例栏，在 Word 中进行编辑即可。如图9-39 所示。

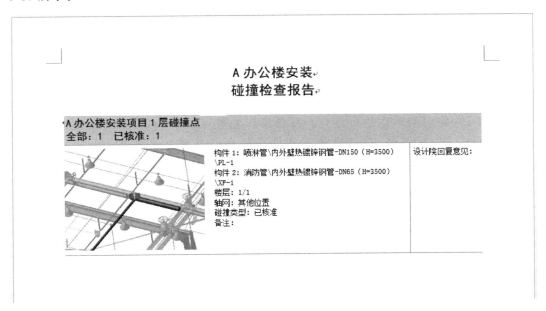

图 9-39　碰撞报告

注：≤$DN80$ 的管道不参与碰撞。

对于大型复杂工程，在设计阶段和施工阶段如何避免机电专业设备管道与结构梁及机电专业设备管道之间在空间位置的冲突，一直困扰着工程设计人员和施工现场管理人员。在没有实用分析检查工具的条件下，设备管道发生碰撞不可避免，在一些管道与结构梁发生冲突时，错误图纸会导致错误施工，必然造成不必要的人力物力的浪费。管道综合碰撞检查软件可利用已有的各专业设计数据信息进行数据的二次利用，解决备管道空间碰撞问题，同时可以生成剖面图显示施工后的效果，有利于现场施工。

9.6　基于 BIM 的施工成本管理

施工项目组织机构管理实行项目经理负责制，因此在项目经理的选择上，应本着进一步充分发挥项目管理功能的原则，提高项目整体管理水平，以达到项目管理的最终目标为基准点。

材料是构成建筑产品的主体，工程所需材料费占总成本的 $60\%\sim70\%$；施工项目中，控制施工总成本，需对材料成本控制高度重视。

施工组织环节是整个项目施工最动态和最复杂的一环，运行成功与否直接影响整个项目成本的控制成效，甚至关乎项目成败。这就要求在组织施工时必须本着科学、合理、认真、细致的原则，从项目实际出发，切实做好此环节工作。

目标成本管理，需事先确立符合规划方案、品质要求、效益要求的成本目标。目标成本确立后，具体执行、操作应将现实成本最大限度地控制在与预算期望值相符的水平，如出现差异，需不断根据现实情况调整，最大限度接近预测目标。

通过鲁班 BIM 系统的鲁班驾驶舱（Luban Govern）可创建模型、成本的多维度数据库。将综合单价及相关人、材、机单价与工程模型匹配，通过鲁班进度计划（Luban Plan）将时间数据进行整合，在鲁班驾驶舱（Luban Govern）就能够实现基于 BIM 的施工成本管理，使用者将工程信息模型汇总到企业总部，形成一个汇总的企业级项目基础数据库，企业不同岗位就可以进行数据的查询和分析，同时，为总部管理和决策提供依据，为项目部的成本管理提供依据。具体操作流程如图 9-40 所示。

图 9-40　软件操作流程

9.6.1　施工现场成本数据集成

① 打开鲁班驾驶舱（Luban Govern），输入账号和密码登录，如图 9-41 所示。
② 登录后界面如图 9-42 所示。
③ 打开软件后，需要先关联模型，这一步操作类似工程造价软件中新建标段、新建单项工程、新建单位工程的操作过程，如图 9-43 所示，关联模型如图 9-44 所示。

图 9-41　Luban Govern 登录界面

图 9-42　Luban Govern 界面

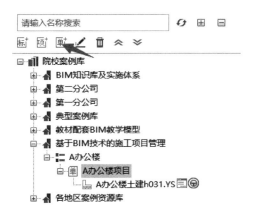

图 9-43　新建单位工程

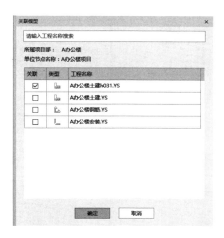

图 9-44　关联模型

成本数据导入，即导入由造价软件导出来的相关数据表格，如图 9-45 所示。

单位工程规费费率表.xls	2017/11/2 11:30	Microsoft Excel ...	29 KB
分部分项工程量清单计价表.xls	2017/11/3 21:43	Microsoft Excel ...	59 KB
分部分项工程量清单综合单价分析表...	2017/11/5 9:08	Microsoft Excel ...	480 KB
计日工表.xls	2017/11/1 14:05	Microsoft Excel ...	11 KB
暂列金额明细表.xls	2017/11/1 14:05	Microsoft Excel ...	10 KB
专业工程暂估价表.xls	2017/11/1 14:52	Microsoft Excel ...	27 KB
总价措施项目费表.xls	2017/8/31 16:11	Microsoft Excel ...	11 KB

图 9-45　造价基础数据列表

以导入分部分项工程量清单与计价表为例导入基础数据，操作步骤为"合同清单→分部分项→导入 Excel→选择"，选择需要导入的表格，如图 9-46 所示，点击"导入"后界面如图 9-47 所示。

图 9-46　确认导入数据

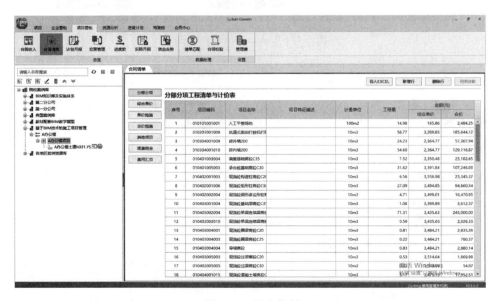

图 9-47　导入数据

将成本基础数据导入到系统后，需要与模型数据进行匹配，点击"项目看板→清单匹配"，可以通过手动或自动匹配的方式进行数据匹配，如图 9-48 所示，匹配完成后界面如图 9-49 所示。

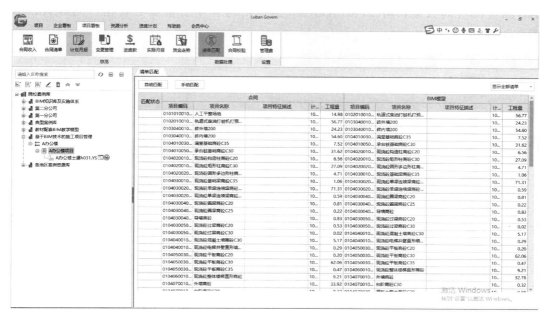

图 9-48　清单匹配准备

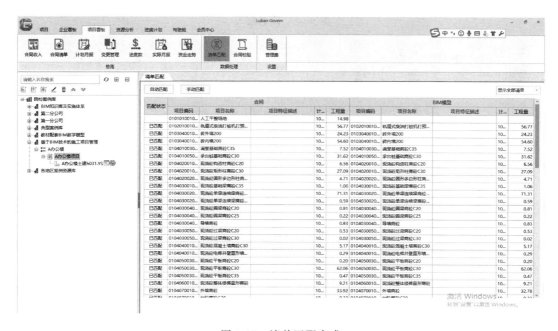

图 9-49　清单匹配完成

9.6.2 成本数据分析

① 通过"项目看板→计划月报→生成报表"操作，可生成由 Luban Plan 软件集成的计划进度时间数据，由 Luban Govern 集成的综合单价数据分析出计划收入，如图 9-50 所示。

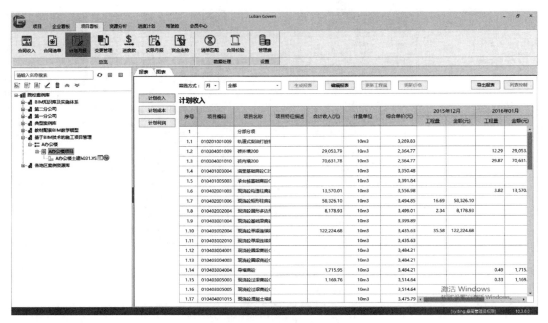

图 9-50　计划收入

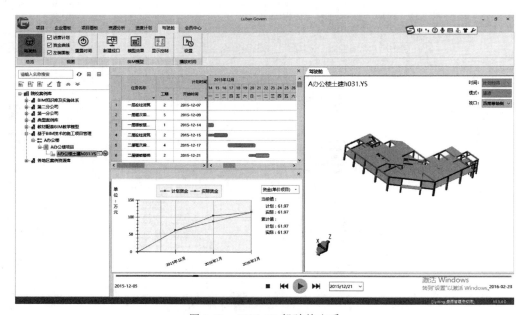

图 9-51　BIM 5D 驾驶舱查看

② 通过"项目看板→变更管理"操作可记录项目实施过程中的变更数据，可在进度款及实际月报模块生成相应的成本数据。

9.6.3 成本数据管理查看

① 通过以上成本基础数据录入，可进行 BIM 5D 数据查看，如图 9-51 所示。
② 通过以上成本基础数据录入，可形成整个公司级的数据。

9.7 基于 BIM 的施工安全管理

以往施工中存在个别建筑企业为了经济效益盲目赶工期，压缩安全投入的现象，以致安全生产无法得到根本保证。借助 BIM 技术可增强安全意识，改变传统安全管理中容易出现安全问题、导致安全事故的处理方式。通过鲁班 BIM 系统的移动应用端（MyLuban）可将施工现场的安全质量、进度问题以图像的形式与模型集成，实现数据化、可视化管理。具体操作流程如图 9-52 所示。

图 9-52　软件操作流程

9.7.1 施工现场原始数据的获取

现场管理人员在施工现场可根据自己的专业知识，对现场管理存在影响安全的问题使用智能设备进行拍照，获取现场原始工程实景数据，并且指定其相应位置信息，通过移动互联网传送到数据库与 BIM 模型关联。

① 打开移动应用端（MyLuban），输入账号和密码登录，如图 9-53 所示，选择需要进行数据关联的模型，如图 9-54 所示。

② 建立协作。将现场安全隐患照片（图 9-55）与模型或者指定构件关联，如图 9-56 所示，设置协作属性，包括协作类型、负责人、优先级、标识、限期、录音等内容，如图 9-57 所示。设置完成后进行上传。

9.7.2 BIM 客户端的质量数据查询

① 管理者使用账号、密码登录 Luban Explorer 系统，可以看到现场反馈到系统的信息，如图 9-58 所示。

图 9-53　MyLuban 登录界面　　　　　　　　图 9-54　打开模型

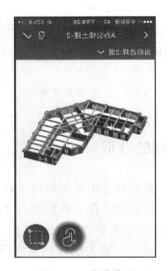

图 9-55　安全问题　　　　　图 9-56　关联模型　　　　　图 9-57　设置属性

② Luban Explorer 可对所有工程现场照片进行管理，并按照不同类别进行分类，便于应用检索，如图 9-59 所示。

9.7.3　安全记录报告输出

Luban Explorer 中所有的照片可自动生成分析报告，分析汇总各类问题，如图 9-60 所示。

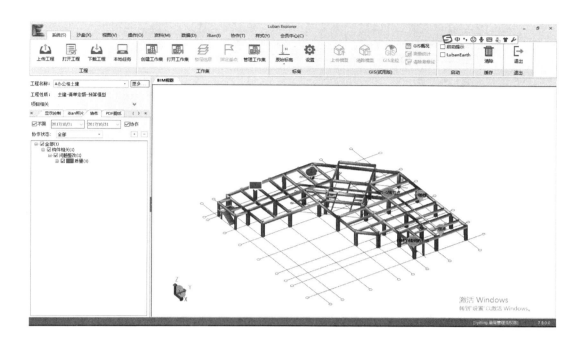

图 9-58　系统照片位置查看

图 9-59　协作问题管理

图 9-60　生成报告

9.8　基于 BIM 的技术档案管理

基于 BIM 的技术档案管理可从设计阶段就开始接入数据，通过制定导入标准，将设计模型转换成辅助项目施工的数据库，作为图纸问题查找、管线碰撞的基础，为后续应用打下基础；还可发现较多的图纸问题，并进行汇总整理，形成书面文档，作为图纸会审、变更的依据。此外，通过 BE 平台可结合现场实际对项目各种资料分类保存，随每一个单项构件挂接自己的各种属性资料，各种经济资料存储有序。将工程的过程资料，如检验批次、验收报告、会议记录、交底文档、钢筋隐蔽等资料和 BIM 模型进行关联，项目部管理层可在电脑上即时了解工程资料的进展数据及动态，亦可即时查阅相关的档案资料。

BIM 模型数据库也可实现各部门的数据共享，这使得项目物资管理由传统的被动管理转变为主动管理。物资管理人员可以随意掌握一个时期、一个时间节点、一个施工段、一个分区、一栋楼，乃至整个项目的工程量数据信息，可以对整个项目的物资成本进行预估，有针对性地开展物资采购谈判，也可以约束部门与部门的材料管理，避免冒领、漏领等情况。通过鲁班 BIM 系统的鲁班浏览器（Luban Explorer），将项目全过程中的资料进行整合，可实现各部门的数据共享，这使得项目资料管理由传统的被动管理转变为主动管理。具体操作流程如图 9-61 所示。

图 9-61　软件操作流程

9.8.1　技术档案收集

① 打开鲁班浏览器（Luban Explorer），输入账号和密码登录，如图 9-62 所示。

② 登录后打开软件界面，选择要进行资料管理的工程，如图 9-63 所示。选择后打开工程，如图 9-64 所示。

图 9-62　Luban Explorer 登录界面

图 9-63　选择工程

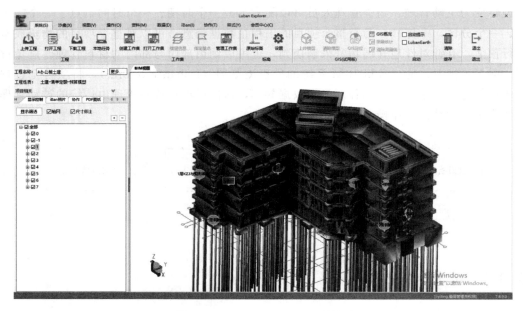

图 9-64　Luban Explorer 工程界面

9.8.2　技术档案录入

操作"资料→上传资料",弹出上传资料对话框,如图 9-65 所示,选择需要上传的资料,定义该资料所属文件夹,如图 9-66 所示,然后关联模型,如图 9-67 所示。

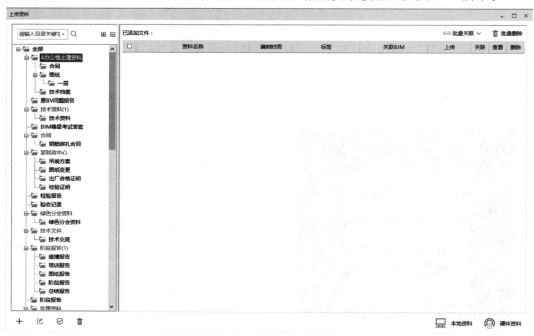

图 9-65　上传资料界面

图 9-66　定义文件夹

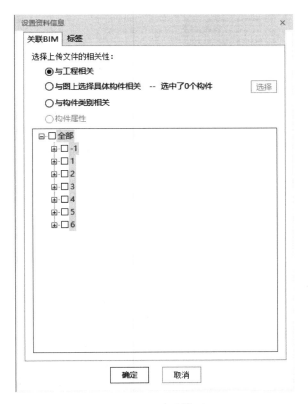

图 9-67　关联模型

9.8.3 技术档案查看管理

档案资料上传完成后可以在管理界面进行管理查看操作，如图 9-68 所示。这样就杜绝了因人员流动而造成的资料丢失，公司通过对离职相关人员分配的权限进行回收和控制，下任的相关人员可根据服务器中的相关资料尽快上手，因此对工作的效率也是一

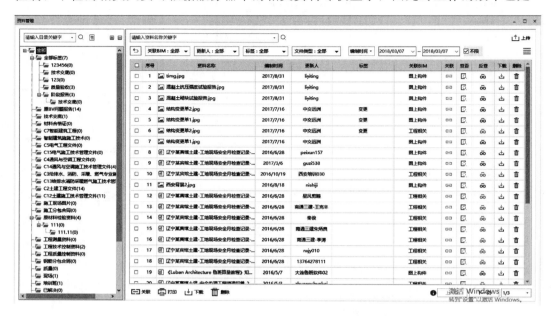

图 9-68　资料管理界面

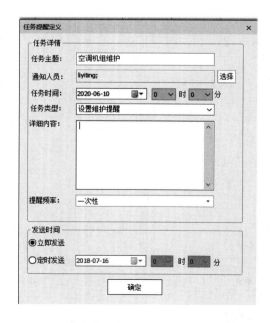

图 9-69　设备提醒设置界面

种提升，而且所有已经上传至服务器端的资料均可以在手机端进行查阅。

施工阶段录入的资料还包括设备的信息，这样可细化到每个设备及构件，可对检修日期、检修项目及检修负责人等内容进行详细标注，还可根据需要设置提醒邮件的发送日期及提醒频率，使得设备检修无遗漏、无拖延。任务提醒设置界面如图9-69 所示。

BIM 应用可将烦琐的检修资料统计、筛选工作简化，因为每个设备和构件的所有资料都记录在数据库中，当需要时可快速调取，自动提醒相关人员相关任务；还可在资料员流动时，简化交接工作，摆脱了以往公司对老资料员的依赖，使人员流动导致的工程资料损失降到最小。

思　考　题

1. 常见的图纸问题有哪些种类？
2. 简述进度计划编制过程。
3. 简述碰撞检查的优点及价值。
4. 简述施工安全管理的方法。
5. 简述基于 BIM 的施工场地布置的优点。

参 考 文 献

[1] 于立君. 建筑工程施工组织 [M]. 北京：高等教育出版社，2013.

[2] 韩英爱. 工程项目管理 [M]. 北京：机械工业出版社，2014.

[3] 李伟，刘宇恒，周学蕾. BIM 技术在工程施工进度管理中的应用 [J]. 建筑施工，2017，39（06）：909-911.

[4] 牛博生. BIM 技术在工程项目进度管理中的应用研究 [D]. 重庆：重庆大学，2012.

[5] 刘占省，赵雪峰. BIM 技术与施工项目管理 [M]. 北京：中国电力出版社，2015.

[6] 李思康，李宁，冯亚娟. BIM 施工组织设计 [M]. 北京：化学工业出版社，2018.

[7] 杨宝明. BIM 改变建筑业 [M]. 北京：中国建筑工业出版社，2016.

[8] 伏玉. BIM 技术在工业化生产方式的保障性住房建设中的应用与对策 [D]. 长春：长春工程学院，2015.

[9] 王亚中. BIM 技术条件下施工阶段的工程项目管理 [D]. 长春：长春工程学院，2015.

[10] 伏玉，李伟民. 基于 BIM 技术的工程项目投资控制 [J]. 建材与装饰，2017（45）：163.

[11] 伏玉，李伟民，周学蕾. BIM 技术在土木工程施工领域的应用研究 [J]. 门窗，2017（12）：241.

[12] 伏玉，李伟，方志国. BIM 技术在装配式房屋建设中的应用与对策 [J]. 城市住宅，2014（11）：102-105.

[13] 李飞，刘宇恒，杨成，杨光元，屠剑飞. 基于 BIM 技术的施工场地布置研究与应用 [J]. 土木建筑工程信息技术，2017，9（01）：60-64.

[14] 师征. 基于 BIM 的工程项目管理流程与组织设计研究 [D]. 西安：西安建筑科技大学，2012.

[15] 马筠强. 基于 BIM 的施工现场布置优化研究 [D]. 哈尔滨：哈尔滨工业大学，2016.

[16] 龚小虎. 施工场地设施布置优化及方案评价研究 [D]. 南昌：华东交通大学，2014.

[17] 项闯. 施工企业工程项目协同管理系统研究 [D]. 杭州：浙江大学，2010.

[18] 柳娟花. 基于 BIM 的虚拟施工技术应用研究 [D]. 西安：西安建筑科技大学，2012.

[19] 彭靖. BIM 技术在施工现场布置中的应用研究 [J]. 科学技术创新，2017（26）：180-181.

[20] 钱海平. 以《中国建筑》与《建筑月刊》为资料源的中国建筑现代化进程研究 [D]. 杭州：浙江大学，2011.

[21] 赵鑫. 烟台 220kV 招远变电站智能改造工程施工过程管理研究 [D]. 北京：华北电力大学，2016.

[22] 赛云秀. 工程项目控制与协调机理研究 [D]. 西安：西安建筑科技大学，2005.

[23] 王卉. FIDIC 合同框架下的中国工程项目管理研究 [D]. 大连：东北财经大学，2007.

[24] 孙政. 施工项目成本控制及应用研究 [D]. 西安：西安建筑科技大学，2006.

[25] 朱浙军. 房建工程施工成本管理研究 [D]. 杭州：浙江工业大学，2012.

[26] 彭雄斌. 某市政工程成本控制方法与实证研究 [D]. 广州：华南理工大学，2014.

[27] 屈阿龙，孔祥华. 标准成本控制在海绵钛工程中的应用 [J]. 中国有色金属，2011，S1：145-149.

[28] 朱健. 建筑承包商的企业信用管理研究 [D]. 杭州：浙江大学，2004.

[29] 谢婷，张晓玲，孙亦军，赵巍，王志明. BIM 技术在机电管线综合深化设计中的应用 [J]. 建筑技术，2016，47（08）：727-729.

[30] 崔旸，王德俊，朱丹，葛鸿鹏，孟丹. 基于 BIM 的深化设计研究 [J]. 建设科技，2015（15）：117-119.

[31] 刘政. BIM 技术在机电安装工程深化设计中的应用 [J]. 安装，2014（06）：56-58.

[32] 杨震卿，张莉莉，张晓玲，罗艺，吴华. BIM 技术在超高层建筑工程深化设计中的应用 [J]. 建筑技术，2014，45（02）：115-118.

[33] 王陈远. 基于 BIM 的深化设计管理研究 [J]. 工程管理学报，2012，26（04）：12-16.

[34] 王绍果. 基于 BIM 技术的工程施工阶段安全管理研究 [D]. 天津：天津大学，2017.

[35] 张冰磊. 基于 BIM 的建筑工程施工安全管理 [J]. 建材与装饰，2016（24）：100-101.

[36] 尚世宇，李娟芳. BIM 技术在施工企业安全管理体系中的应用 [J]. 安徽建筑，2016，23（02）：267-269.

[37] 李飞，李伟，刘昭，李智. 基于 BIM 的施工现场安全管理 [J]. 土木建筑工程信息技术，2015，7（05）：74-77.

[38] 翟越，李楠，艾晓芹，何薇. BIM 技术在建筑施工安全管理中的应用研究 [J]. 施工技术，2015，44（12）：81-83.

［39］ 河南 BIM 发展联盟. 建筑工程 BIM 管理技术 ［M］. 北京：中国电力出版社，2017.

［40］ 住房和城乡建设部. 建筑信息模型施工应用标准：GB/T 51235—2017. 北京：中国标准出版社，2017.

［41］ 徐双莲. 建筑工程施工质量管理 ［J］. 投资与合作：学术版，2014.

［42］ 中华人民共和国国务院. 建设工程质量管理条例（2017 年 10 月 7 日修正版）. 北京：中国建筑工业出版社，2017.

［43］ 董向恒. 浅谈建筑工程施工质量管理 ［J］. 民营科技，2013.

［44］ 上海市建筑信息模型技术应用指南（2015 版）［J］. 上海建材，2015（04）：1-11.

［45］ 宋俊贤. 浅谈建筑工程项目的质量控制原则、内容和方法 ［J］. 四川水泥，2015（04）：49.

［46］ 朱永杰. 建筑工程管理技术 ［J］. 建材与装饰：上旬，2012.

［47］ 魏东. 建筑工程技术管理的重要性 ［J］. 科技致富向导，2017.

［48］ 陈佩培，张铭军. 新形势下建筑工程技术专业教学管理的改革与探讨 ［J］. 现代企业教育，2013（24）：371.

［49］ 刘炽良. 探究分析建筑工程施工技术管理的重要性 ［J］. 江西建材，2014.

［50］ 杨惠静. 浅析工程技术管理 ［J］. 江西建材，2017.

［51］ 邓波，李云，程广仁. BIM 技术在施工企业中应用方式的探究 ［J］. 山东建筑大学学报，2014，29（02）：182-186.

［52］ 李顺章. 浅析建筑工程施工技术问题与控制措施 ［J］. 中国科技投资，2014.